Rico Herzog

Digitale Trends in der Raumentwicklung

Welche Auswirkungen hat die Digitalisierung auf die räumliche Entwicklung von Darmstadt?

Bibliografische Information der Deutschen Nationalbibliothek:

Die Deutsche Nationalbibliothek verzeichnet diese Publikation in der Deutschen Nationalbibliografie; detaillierte bibliografische Daten sind im Internet über http://dnb.d-nb.de abrufbar.

Impressum:

Copyright © Science Factory 2019

Ein Imprint der Open Publishing GmbH, München

Druck und Bindung: Books on Demand GmbH, Norderstedt, Germany

Covergestaltung: Open Publishing GmbH

Inhaltsverzeichnis

Abbildungsverzeichnis

1 Einführung

Mit dem Aufkommen der modernen Informationstechnologie haben sich in kürzester Zeit die verschiedensten Lebensbereiche grundlegend gewandelt. Das Internet ist zum ständigen Begleiter geworden, die Industrie 4.0 verspricht individuell angepasste Produkte für jedermann und soziale Kommunikationsformen haben sich binnen kürzester Zeit gravierend verändert.

Viele der im Zusammenhang mit der Digitalisierung stehenden Transformationsprozesse haben hierbei direkte sowie indirekte Auswirkungen auf räumliche Entwicklungen. Oft genannte Beispiele sind der Onlinehandel, welcher den stationären Einzelhandel zunehmend verdrängt, die neue, vernetzte und intermodale Mobilität oder die Änderung von Wohnstrukturen durch Plattformen wie Airbnb. Hinzu kommen durch die Digitalisierung bedingte wirtschaftliche Disruptionen, welche direkte Auswirkungen auf Wirtschafts- und Erwerbsstrukturen haben. Auch aktuelle Megatrends wie das Internet der Dinge, vernetzte Sensoren und die Industrie 4.0 können den Raum in Zukunft prägen. All diese kurz angeschnittenen Prozesse sind mannigfaltig und interdependent. Sie gilt es zu analysieren, um bevorstehende Herausforderungen und Entwicklungen besser abschätzen zu können. Im Englischen illustriert der Begriff des „Cyberspaces" hierbei wunderbar die Räumlichkeit des Digitalen.

Die Stadt Darmstadt eignet sich aufgrund mehrerer Faktoren besonders für eine praxisnahe Analyse. Sie hat sich in ihrer jüngeren Geschichte proaktiv dem digitalen Wandel zugewandt und ist Heimat von zahlreichen (inter-)national renommierten Forschungseinrichtungen, die wichtiges Wissen und Informationen zur digitalen Transformation beisteuern können. Jüngst wurde im Dezember 2017 zudem die Digitalstadt Darmstadt GmbH als Teil des städtischen Unternehmensverbundes gegründet, um zukünftigen digitalen Projekten die nötige Struktur zu geben und diesen Ansprechpartner zur Seite stellen zu können. Es ist von vielfältigen Auswirkungen der Digitalisierung auf die zukünftige Entwicklung der Stadt Darmstadt auszugehen.

Ausgehend von diesen Überlegungen sollen in dieser Arbeit folgende Forschungs-
fragen beantwortet werden:

- Wie ist der Stand der Digitalisierung heute in der Bundesrepublik Deutschland im Allgemeinen und in der Wissenschaftsstadt Darmstadt im Speziellen? Wie sind die erfolgten Transformationen im zeitlichen Kontext einzuordnen?

- Welche räumlichen Auswirkungen der Digitalisierung sind festzustellen?
  Wie, wo und in welcher Ausprägung zeigen sich diese in der Wissenschaftsstadt Darmstadt?

- Welche weiteren Entwicklungen sind absehbar? Welche Handlungsempfehlungen lassen sich formulieren?

2 Struktur und Methodik

Als Annäherung an die Thematik der Thesis werden im ersten Teil „Digitalisierung und Raum" zunächst Begriffsabgrenzungen und Definitionen vorgenommen. Verschiedene Auffassungen des Digitalisierungsbegriffs werden diskutiert und neben das Konzept der Raumentwicklung in Deutschland gestellt. Hier werden auch Instrumente der Raumentwicklung erläutert, um bei der Erarbeitung von Handlungsempfehlungen auf bestehende Ansätze zurückgreifen zu können. Zur weiteren Einordnung wird der Stand der Digitalisierung in der Bundesrepublik dargelegt und ein kurzer zeitlicher Abriss gegeben; ferner wird auf den Stadtbegriff und das aktuelle Buzzword „Smart City" eingegangen.

Im zweiten Teil werden allgemeine Auswirkungen der Digitalisierung auf raumrelevante Themenbereiche aufbereitet und analysiert. Hierzu werden die Themenbereiche „Wirtschafts- und Erwerbsstrukturen", „Mobilität und Verkehrsverflechtungen", „Siedlungsstrukturen" und „Raumordnung und -planung" gewählt, um ein möglichst breites Spektrum abzudecken. Die Auswirkungen sollen national und zum Teil international betrachtet werden, um in Bezug auf das Praxisbeispiel Darmstadt eine bessere Einordnung der dortigen Auswirkungen im Gesamtbild zu ermöglichen. Hierbei werden alle Auswirkungen in einem städtischen Kontext thematisiert; der ländliche Raum wird innerhalb dieser Arbeit nicht behandelt.

Im dritten Teil „Praxisbeispiel Darmstadt" wird zunächst der Stand der Digitalisierung in Darmstadt erläutert, um davon ausgehend bereits stattgefundene, aktuelle und zukünftige Entwicklungen aufzuzeigen. Hierbei soll auch überprüft werden, inwiefern die Stadt auf prognostizierte Auswirkungen vorbereitet ist.

Im vierten Teil „Fazit und Handlungsempfehlungen" werden die zuvor erarbeiteten Erkenntnisse resümiert und Handlungsempfehlungen für unterschiedliche Zielgruppen abgeleitet.

Aus einem methodischen Gesichtspunkt stützt sich die vorliegende Arbeit auf eine breit angelegte Literaturrecherche und Experteninterviews mit Vertretern der Planung und Forschung.

2.1 Literaturrecherche

Eine umfängliche Literaturrecherche dient dem Überblick des bearbeiteten Themenkomplexes und dem Zusammentragen von bereits existentem Wissen. Für diese Arbeit wurde zunächst vor Ort im Präsenzbestand der Universitäts- und Landesbibliothek Darmstadt nach wissenschaftlicher Literatur recherchiert, um einen allgemeinen Eindruck der Thematik zu bekommen. Ergänzend wurden die Online-Bestände der Bibliothek sowie Strategiepapiere und andere Veröffentlichungen der zuständigen Ministerien und Bundesinstitute verwendet. Gerade im Hinblick auf aktuelle Themen stützt sich diese Arbeit zudem auf eine breite Internetreche-che im Bereich von Online-Angeboten großer Tages- und Wochenzeitungen, Mediatheken von Radio- und Fernsehsendern und diversen Blogs.

Während die raumwissenschaftliche Literatur gut sortiert und in sich schlüssig ist, Veröffentlichungen von Institutionen mit klar abgegrenzten Zuständigkeitsbereichen publiziert werden und der Diskurs im Allgemeinen sehr „verwissenschaftlicht" ist, bringt das Themenfeld der Digitalisierung eine schier unüberblickbare Menge an Fachbüchern, Artikeln, Studien und Berichten zu Tage. Dies ist der Tatsache geschuldet, dass nicht nur viele Wissenschaften und Institute Interesse an der Erforschung dieses Themenkomplexes haben, sondern auch die Industrie, Wirtschaftsverbände, internationale Organisationen und nicht zuletzt die Politik. Dass alleine von 2014-2017 eine koordinierende Digitale Agenda, die Netzallianz Digitales Deutschland, das Aktionsprogramm DE.Digital, die Plattform Digitale Netze, die Modellvorhaben MOROdigital und weitere Programme mit der entsprechenden wissenschaftlichen Begleitung gestartet wurden, soll zeigen, in welchem Umfang Material bereits nur von der administrativen Seite vorhanden ist. Hinzu kommen Unternehmens- und Wirtschaftsverbände und private wie staatliche Forschungseinrichtungen.

Aufgrund der besonderen Praxisrelevanz und dem gesamtheitlichen Charakter der Raumplanung wurde versucht, Literatur von möglichst vielen relevanten Akteuren zu verwenden und miteinander zu verschneiden, um einen allgemeinen Überblick über die raumrelevanten Aspekte zu erhalten. Dieses Vorgehen soll das Beschreiben von einseitigen Interessen verhindern.

2.2 Experteninterviews

Es wurden mehrere Experteninterviews durchgeführt, um aktuelle und praxisnahe Informationen zu erhalten. Hierfür wurden sowohl Planungs- und Unternehmensvertreter der Stadt Darmstadt als auch in der aktuellen Forschung involvierte Wissenschaftler interviewt, um eine vielseitige Einschätzung der Entwicklungen zu erhalten.

In einem Interview mit einem/r Stadtentwicklungsexperten*in der Stadt Darmstadt wurden die allgemeinen räumlichen Auswirkungen der Digitalisierung diskutiert und in einen stadtplanerischen Zusammenhang am Beispiel der Stadt Darmstadt gebracht.

Ein Interview mit einem/r Vertreter*in der Digitalstadt Darmstadt GmbH thematisierte die Agenda und die Aufgaben der Digitalstadt Darmstadt GmbH und die räumlichen Auswirkungen dieser.

Zwei Vertreter*innen eines ortsansässigen Mobilitäts- und Verkehrsunternehmens, der HEAGmobilo, wurden im Speziellen zu den räumlichen Auswirkungen der digitalen Mobilität befragt. Die HEAGmobilo ist der Betreiber des öffentlichen Personennahverkehrs in Darmstadt und Umgebung und nach eigenen Angaben der führende Mobilitätsdienstleister in Südhessen.

Ein Experteninterview mit einem/r Wissenschaftler*in des Fraunhofer-Instituts für Arbeitswirtschaft und Organisation brachte Erkenntnisse zur Bedeutung der Forschung im Themenkomplex Stadtplanung und Digitalisierung, aktuellen Pilotprojekten und möglichen zukünftigen Entwicklungen.

Ein weiteres Interview mit einem/r Wirtschaftswissenschaftler*in des Zentrums für Europäische Wirtschaftsforschung wurde zur Thematik Folgen der Digitalisierung im Hinblick auf Beschäftigung und Arbeitslosigkeit durchgeführt; insbesondere wurde auf den Wandel des Arbeitsmarktes und damit einhergehende Veränderungen eingegangen.

Die Einschätzungen der Experten ergänzen in dieser Arbeit die Literatur und sind insbesondere in „Kapitel 5: Praxisbeispiel Wissenschaftsstadt Darmstadt" Grundlage vieler analysierter aktueller Entwicklungen. Die Fragen der einzelnen Experteninterviews sind im Anhang dokumentiert.

Abschließend soll erwähnt werden, dass die „Auswirkungen" der „Digitalisierung" alleine schon aufgrund der weit gefassten Begriffsdefinitionen nicht in ihrer Gesamtheit zu beschreiben sind. Die Annahme, dass sich die Beschreibung und Analyse mehrerer Einzelprozesse zu einem Gesamtbild zusammenfügt, soll Abhilfe schaffen. Ein Vollständigkeitsanspruch kann daher nicht erhoben werden; vielmehr wird davon ausgegangen, dass eine Ergänzung der vorliegenden Untersuchungen um weitere Prozesse zu einem besseren Gesamtbild beitragen würde.

3 Digitalisierung und Raum

Im Kapitel „Digitalisierung und Raum" sollen zunächst die Grundlagen erläutert werden, auf denen die spätere Analyse der räumlichen Auswirkungen aufbaut. Hierbei spielt sowohl der Digitalisierungsbegriff als auch der Begriff des Raumes / der räumlichen Entwicklung eine große Rolle, weshalb diese umfassend erläutert werden. Um das Beschriebene in einen größeren Zusammenhang zu stellen, wird in diesem Kapitel auch der aktuelle Stand der Digitalisierung in Deutschland beschrieben und in einen zeitlichen Kontext eingeordnet.

3.1 Digitalisierung

Die Digitalisierung ist ein Oberbegriff, unter dem zahlreiche Prozesse von Mikro- bis Makroebene subsumiert werden können. Im engsten Sinn bezeichnet Digitalisierung die Überführung von „Eigenschaften phyischer Objekte in (...) aneinandergereihte[n] Sequenzen aus „1" und „0""(Neugebauer, 2018, S. 9). So wird beispielsweise ein Bild durch Einscannen „digitalisiert", Texte können durch Abtippen oder automatische Texterkennung in digitale Form gebracht werden und Töne wie Filme werden durch das Abtasten und Auslesen eines CD/DVD-Laufwerks in (komprimierten) digitalen Dateien gesichert.

In einem weiteren Sinne wird Digitalisierung oftmals als Synonym zur „vierten industriellen Revolution", der „digitalen Revolution" oder im internationalen Kontext zu „the second machine age" verwendet. Gemeint ist hiermit der durch die immer schneller fortschreitende technologische Entwicklung ausgelöste wirtschaftliche und produktionstechnische Wandel. Es wird davon ausgegangen, „ dass die Entwicklung digitaler Technologien ein Stadium erreicht habe, das eine völlig neue Qualität ihrer Anwendung eröffne" (Hirsch-Kreinsen & Hompel, 2015, S. 2), was den Begriff der „Revolution" rechtfertigt. Grund hierfür sind immer schnellere, billigere, energieeffizientere und platzsparendere Mikroprozessoren, die neue Formen der Wertschöpfung entstehen lassen sowie die globale Vernetzung der verarbeiteten Daten durch das World Wide Web (Vgl. ebd., S.2). Die Auswirkungen dieses Prozesses sind bislang in ihrer vollen Konsequenz unbekannt, können aber teilweise als disruptiv bezeichnet werden. So haben sich analog zu den oben angeführten Beispielen die zugehörigen Industrien in den vergangenen Jahren massiv verändert. Die Fotoindustrie erlebte mit dem Aufkommen der digitalen Fotografie einen radikalen Umschwung vom Film zu digitalen Sensoren, die Auflagen von Printmedien gehen stetig zurück und die Musik- und Filmindustrie wurde Zeuge von der Entwicklung der LP/Kassette/VHS-Videoband hin zur CD/DVD/BluRay hin zum

Streaming. Dies führte vormals weltweit agierende Unternehmen wie Kodak, Heidelberger Druckmaschinen oder Schallplattenfirmen in schwere wirtschaftliche Krisen bis hin zum Konkurs (vgl. Kaune, 2009). Eine Schreibmaschinenindustrie existiert nicht mehr und erscheint heute wie ein Anachronismus. All diese Prozesse sind Teil des „Megatrends" Digitalisierung.

Zur Digitalisierung zählen je nach Sichtweise auch soziale und kulturelle Auswirkungen, die mit den nun weltweit verfügbaren digitalen Informationen einhergehen. (vgl. Merritt, 2016, S. 15) Als Beispiele hierfür seien veränderte Kommunikationswege durch Messenger-Dienste und neuartige Debattenkulturen durch Social-Media Nutzung angeführt.

In der vorliegenden Arbeit wird die Digitalisierung analog zu Hirsch-Kreinsen and Hompel (2015) als „Prozess des sozio-ökonomischen Wandels [...], der durch Einführung digitaler Technologien, darauf aufbauender Anwendungssysteme und vor allem ihrer Vernetzung angestoßen wird" (Hirsch-Kreinsen & Hompel, 2015, S. 3) definiert.

3.1.1 Stand der Digitalisierung in der Bundesrepublik Deutschland

Wie aus dieser Definition bereits ersichtlich wird, ist es schwierig, den Begriff abzugrenzen und somit messbar zu machen. Um den Stand der Digitalisierung untersuchen zu können, entwickelte u.a. die Deutsche Akademie der Technikwissenschaften gemeinsam mit dem Bundesverband der Deutschen Industrie, dem Fraunhofer ISI und dem Zentrum für Europäische Wirtschaftsforschung einen „Digitalisierungsindikator". Dieser setzt sich aus den sechs Teilindikatoren Forschung und Technologie, Wirtschaft, Gesellschaft, Staat und Infrastruktur, Bildung und Geschäftsmodelle zusammen. Diese wiederum beruhen auf insgesamt 66 Einzelindikatoren (vgl. Deutsche Akademie der Technikwissenschaften e.V. & Bundesverband der Deutschen Industrie e.V. (Hrsg.), 2017, S. 35). Ergebnis des internationalen Benchmarkings ist ein deutlicher Nachholbedarf der Bundesrepublik in den Feldern der Breitbandversorgung und der Digitalisierung in der öffentlichen Verwaltung („E-Government"). Ein vergleichsweise hoher Indexwert wird im Nutzungsgrad digitaler Lösungen und Technologien erreicht, was auf eine überdurchschnittliche Akzeptanz hindeutet. Insgesamt bewegt sich Deutschland nach dem Digitalisierungsindex im internationalen Mittelfeld der Industriestaaten (Platz 17 von 35) (Ebd.).

Das World Economic Forum ordnet die Bundesrepublik in seinem „Networked Readiness Index" als Maß für die Potentiale einzelner Länder hinsichtlich der von der

Infomations- und Kommunikationstechnologie hervorgerufenen Veränderungen auf Platz 15 von 139 untersuchten Ländern ein (Baller et al., 2016, S. 99). Spitzenreiter in beiden Rankings sind die skandinavischen Länder, die USA, Singapur, Großbritannien, Südkorea und Israel.

Notwendige Voraussetzung für die fortschreitende Digitalisierung ist eine funktionierende zugrundeliegende Infrastruktur in Form von Breitband-/Glasfaseranschlüssen und drahtlosen Technologien wie LTE oder 5G. Hier zeigen sich bei bundesweiter Betrachtung starke regionale Unterschiede, wie der Breitbandatlas des Bundesministeriums für Verkehr und digitale Infrastruktur offenbart.

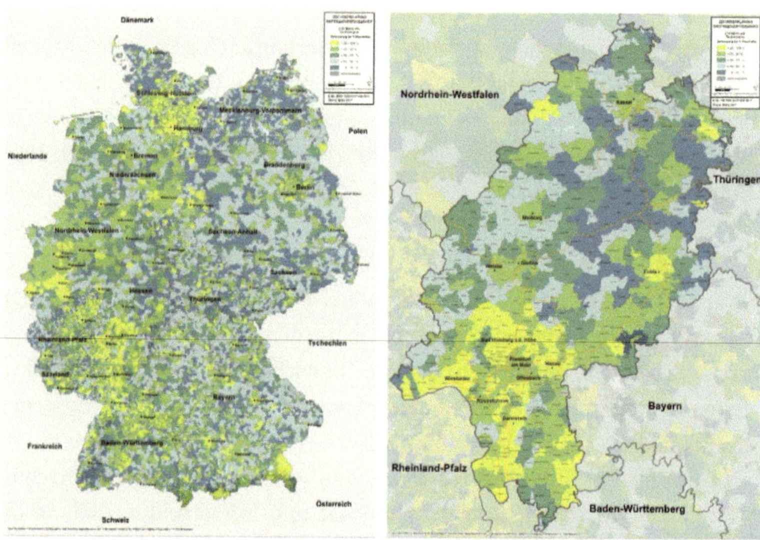

Abbildung 1: Breitbandversorgung ≥50 Mbit/s im Bundesgebiet und in Hessen dunkelblau = 0-10% Versorgungsrate, gelb = 95-100% Versorgungsrate (Quelle: Breitbandatlas des BMVI, http://www.bmvi.de/DE/Themen/Digitales/Breitbandausbau/Breitbandatlas-Karte/Kartendownload-Breitbandatlas/kartendownload-breitbandatlas.html, Zugriff am 16.1.2018)

Gerade ländliche Räume sind im Vergleich zu Verdichtungsräumen deutlich unterversorgt. Um in Zeiten der Globalisierung wettbewerbsfähig bleiben zu können, ist die vor Ort verfügbare digitale Infrastruktur längst zu einem entscheidenden Standortfaktor geworden. Daher investiert die Bundesregierung in Kooperation mit den Netzbetreibern seit einiger Zeit verstärkt in den Ausbau der nötigen Infrastruktur (vgl. Bundesministerium für Verkehr und Digitale Infrastruktur, 2017, S. 8).

In der FTTP-Versorgung[1] belegt Deutschland im europäischen Vergleich Platz 28 von 32 und ist damit eines der Schlusslichter (IHS Markit Ltd., Piont Topic, & European Commission, 2017, S. 30).

3.1.2 Einordnung im zeitlichen Kontext

Wie bei vielen prozesshaften Entwicklungen ist es schwer, einen konkreten Anfangszeitpunkt der Digitalisierung zu benennen. Die Unterteilung der in dieser Arbeit verwendeten Definition in einen ökonomischen und einen sozialen Wandlungsprozess soll auch bei der Einordnung in einen zeitlichen Kontext helfen.

Für den ökonomischen Wandel nehmen Hirsch-Kreinsen und Hompel eine grobe Einteilung in zwei Phasen vor. Kurz vor der Jahrtausendwende erreichte die erste Phase der Digitalisierung ihren Höhepunkt; die meisten Unternehmen, deren Fokus auf der Nutzung und Verarbeitung von Daten und Informationen liegt, hatten bis dahin ihre Tätigkeiten zu einem großen Teil digitalisiert. Beispiele hierfür sind Finanzdienstleistungen, die Musikherstellung / -distribution und das Verlags- und Zeitschriftenwesen (vgl. Hirsch-Kreinsen & Hompel, 2015, S. 3). Hierbei wurden durch den Einzug von Computersystemen in die Organisation und Verwaltung vor allem Berufe mittlerer Qualifikation automatisiert (vgl. Experteninterview Zentrum für Europäische Wirtschaftsforschung, 2018).

Die zweite Phase ist zum gegenwärtigen Zeitpunkt in vollem Gange. Sie unterscheidet sich im Vergleich zur ersten dadurch, dass nun die digitale Abbildung und Vernetzung bislang physischer Objekte im Vordergrund stehen und aufgrund der verfügbaren Technologien völlig neue Nutzungsarten möglich sind. Dazugehörige Oberbegriffe sind das „Internet der Dinge" und die „Industrie 4.0" (vgl. Hirsch-Kreinsen & Hompel, 2015, S. 3). Gleichzeitig wird durch die exponentiell steigende Leistungsfähigkeit der zugrundeliegenden Hardware die Analyse riesiger Datenmengen („Big Data") und die Simulation neuronaler Netze zur Schaffung von künstlichen Intelligenzen immer preiswerter. Dies eröffnet weitere, bisher unbekannte oder technologisch unmögliche Geschäftsfelder.

Der soziale Wandel schreitet ebenfalls mit einer ungeahnten Geschwindigkeit voran. Beschränkte sich die tägliche Internetnutzung als Indikator für die „Digitalisierung des Sozialen" im Jahr 2000 noch auf durchschnittlich 17 Minuten (vgl. Birgit van Eimeren, 2001, S. 390), verbrachte im Jahr 2017 ein jeder Bundesbürger

---

[1]   Fiber To The Premises bzw. Glasfaser bis zum Grundstück

durchschnittlich 149 Minuten im weltweiten Netz. Die Altersgruppe von 14 bis 19 Jahren nutzt das Internet heute durchschnittlich mehr als viereinhalb Stunden täglich (vgl. Koch & Frees, 2017, S. 437f.). Dass diese Steigerung um mehr als das Siebenfache bzw. das Vierzehnfache Auswirkungen auf das tägliche Leben eines jeden einzelnen sowie der Gesellschaft an sich hat, wird durch zahlreiche Studien belegt. Die Folgen reichen von verkürzten Aufmerksamkeitsspannen über zunehmende Belastung durch ständige Erreichbarkeit bis hin zu einem Verfall von Werten wie der Verbindlichkeit einer Verabredung (vgl. Köhler, 2012).

In einer allgemeinen Einordnung markiert der Zeitpunkt, an welchem die Menge der weltweit verfügbaren digitalen Daten die der analogen überschritt, einen wichtigen Meilenstein. Nach Martin Hilbert und Priscila López geschah dies Anfang der 2000er-Jahre (Hilbert & Lopez, 2011). Im Jahr 2016 begann die „Zettabyte Era"; der weltweite Datenverkehr belief sich erstmalig über eine Menge von 10^{21} Bytes (eine Trillion Terrabytes). Bis zum Jahr 2020 wird der weltweite jährliche Datenverkehr auf über 2,3 Zettabyte geschätzt (vgl. Baller et al., 2016, S. ix). Überdurchschnittlicher Wachstum wird ferner für den mobilen Datenverkehr in Deutschland prognostiziert: Bis 2025 soll er im Vergleich zu 2015 um das 43-fache anwachsen (vgl. Czernomotiez et al., 2016, S. 20).

All diese Einordnungen zeigen, dass die Digitalisierung eine Entwicklung ist, deren rasanter Fortschritt das Potential hat, sämtliche Bereiche des heutigen Lebens in radikaler Weise zu verändern. Ob in direkter oder indirekter Form, auch die räumliche Entwicklung wird durch die Digitalisierung beeinflusst werden.

3.2 Raum und räumliche Entwicklung

Der „Raum" als Begriff kann als eine Überlagerung mehrerer geschichtlich gewachsener Raumverständnisse interpretiert werden. Im Alltag wird er oftmals als einfache „Ausgedehntheit von materiellen Dingen" (Ritter & Akademie für Raumforschung und Landesplanung, 2005, S. 831) verstanden, den ein jeder subjektiv wahrnimmt. Im wissenschaftlich-physikalischen Diskurs proklamierte Isaac Newton den Raum zunächst als unendlich ausgedehnt und unabhängig von der Materie, die sich in ihm befindet. Albert Einstein widerlegte mit seiner 1915 veröffentlichten allgemeinen Relativitätstheorie diese Auffassung und brachte den Raum in einen direkten Zusammenhang mit Zeit und Materie.

Immanuel Kant wiederum legte den Grundstein für einen modernen subjektbezogenen Raumbegriff, welcher den Fokus auf den Raum als Repräsentation im Geist des Betrachters legt und im heutigen Diskurs immer mehr Beachtung findet. In diesen psychischen Repräsentationen ordnet das Individuum materiellen Dingen Bedeutungen zu; die Materie wird zum Zeichen. Dies beschreibt der Begriff der „Semiotik des Raums" (ebd. S.835) und macht den Raum zum „kulturellen Zeichensystem im Spannungsverhältnis zum Politischen, Wirtschaftlichen" (ebd. S.835), der „gelesen" werden kann. Im Kontext der Digitalisierung ist dies insofern interessant, als dass diese Bedeutungsaufladungen zum einen durch digitale Technologien massenhaft erfasst, ausgewertet und verwendet werden können. Zum anderen fügen digitale Kartendienste wie Google Maps oder Plattformen wie Tripadvisor weitere Ebenen zur psychischen Repräsentation des Raums hinzu und beeinflussen die Wahrnehmung des Raums in einem zum heutigen Zeitpunkt unbekannten Ausmaß.

In die Raumdefinition der heutigen Raumwissenschaften fließen all diese kurz angerissenen Theorien ein. Nach ihr ist Raum „zwei- bzw. dreidimensionaler metrischer Ordnungsrahmen erdoberflächlich lokalisierbarer Objekte" (ebd., S.834), bei dem „Standorte, Lagebeziehungen und Distanzen" (ebd.) im Mittelpunkt stehen. Formulierungen im Deutschen Raumordnungsgesetz beziehen sich neben „Teil- und Gesamträumen" auch auf „soziale und wirtschaftliche Ansprüche des Raums" und „gleichwertige Lebensverhältnisse", was auf die soziale Funktion und die individuelle Wahrnehmung des Raums abzielt (vgl. "ROG ", §1).

Als „räumliche Entwicklung" wird in der vorliegenden Arbeit die Entwicklung des Raumes als beobachtbarer Wandel räumlicher Strukturen und Nutzungen bezeichnet. Unter Raumplanung/Raumordnung wird die aktive und zielgerichtete Entwicklung des Raumes durch behördliche Planungsinstitutionen verstanden.

Räumliche Transformationen können als eine Summe der Auswirkungen von unzähligen individuellen Lebensentscheidungen betrachtet werden, die wiederum von unzähligen wirtschaftlichen, sozialen, politischen oder sonstigen Faktoren beeinflusst werden und sich zusätzlich gegenseitig beeinflussen. Auf staatlicher Ebene beforscht das Bundesinstitut für Bauwesen und Raumordnung diesen Wandel, indem es ein räumliches Informationssystem zur Raumbeobachtung führt. Dieses besteht aus den vier Teilen der Europäischen Raum- und Stadtbeobachtung, der laufenden Raumbeobachtung, der vergleichenden Stadtbeobachtung und der laufenden Bevölkerungsumfrage (vgl. Website Bundesinstitut für Bau- Stadt- und Raumforschung). Der Zweck der Raumbeobachtung ist oftmals die Informationsbeschaffung für eine integrierte und koordinierende Raumordnung/-planung. Mittel zu diesem Zweck sind Indikatoren, welche räumliche Entwicklungen mess- und vergleichbar und damit bewertbar machen sollen.

Die Raumordnung/Planung versteht sich als staatlich legitimierte Institution, die im Sinne des Gemeinwohls verschiedene Nutzungsmöglichkeiten des Raums gegeneinander abwägt und schließlich durch diverse Planungsprozesse den Raum „entwickelt". Auf der obersten Ebene beschlossen die Raumordnungsminister der Bundesländer hierfür auf der Ministerkonferenz für Raumordnung 2016 vier Leitbilder, welche abstrakte Zielvorgaben an den zukünftigen Raum richten (41. Ministerkonferenz für Raumordnung, 2016). Verschiedenste Instrumente wie der Landesentwicklungsplan, der Regionalplan, der Flächennutzungsplan, der Bebauungsplan etc. stehen den jeweils zuständigen Planungsbehörden zur Umsetzung der Leitbilder zur Verfügung.

Bei der Analyse der Auswirkungen der Digitalisierung auf die räumliche Entwicklung werden in dieser Arbeit neben stadträumlichen Folgen auch die Auswirkungen auf die Raumplanung/Raumordnung angeschnitten. Es wird davon ausgegangen, dass die Digitalisierung der Planung auch Auswirkungen auf den Raum mit sich bringt, beispielsweise durch effizientere Bürgerbeteiligung.

3.2.1 Stadtraum und „Smart City"

Ein besonderer Fokus dieser Arbeit liegt auf dem Stadtraum Darmstadt, weshalb im folgenden Abschnitt zunächst einige Grundlagen zum Stadtbegriff erläutert werden sollen. Dieser kann nicht einheitlich definiert werden, sondern muss durch eine genauere Orts- und Zeitangabe präzisiert werden. Eine antike Stadt ist anders zu beschreiben als eine heutige südostasiatische Stadt, welche sich wiederum von einer heutigen europäischen Stadt unterscheidet. Die letztgenannte Art von Stadt zeichnet sich im Allgemeinen durch ihre lange Historie unter unterschiedlichen Herrschaftssystemen aus, welche auf ihre jeweils eigene Art die Entwicklung der Stadt beeinflussten und unterschiedliche Räume schufen.

Die Bevölkerungsstruktur einer heutigen, mitteleuropäischen Stadt ist geprägt durch geringe Geburtenraten, einem hohen Migrationsanteil, einer alternden Bevölkerung und vielen Ein-Personen-Haushalten (vgl. Wolf, 2005, S. 1049). Zusätzlich ist eine Stadt Arbeitsort vieler Menschen, die oftmals nicht in der Stadt leben, sondern in ihrem Umland beheimatet sind. Hierdurch entstehen Pendelbewegungen zum/weg vom Arbeitsplatz. In einer gesamtdeutschen Betrachtung pendeln 60% aller Beschäftigten durchschnittlich 16,8km zu ihrem Arbeitsort (vgl. BBSR, 2017, S. 23). Aufgrund dieser räumlichen Trennung von Wohnort und Arbeitsplatz, einer zunehmenden Suburbanisierung sowie der Stadt als Ort von bedeutenden kulturellen Einrichtungen ist die Stadt heute mehr und mehr mit ihrem Umland verbunden; es entsteht die Notwendigkeit von regionalen Kooperationen (vgl. Wolf, 2005, S. 1050).

Die Stadtplanung und -entwicklung durchlief in den vergangenen Jahrzehnten verschiedenste Leitbilder und Entwicklungsziele: Die Gartenstadtbewegung versuchte um 1900 das Grün in die Stadt zurück zu bringen, die „Charta von Athen" proklamierte 1933/1941 eine räumliche Trennung von Wohnen, Arbeiten und Freizeit, die „autogerechte Stadt" legte Anfang der 60er Jahre den Fokus auf das Ermöglichen individueller Massenmobilität, in den 80er Jahren kam der ökologische Städtebau auf und seit der Jahrtausendwende gilt oftmals die Maxime „Die Region ist die Stadt" (vgl. Heineberg, 2000; Wolf, 2005, S. 1053).

Ein oft verwendetes Schlagwort für die aktuelle wie zukünftige Stadtentwicklung ist der Begriff „Smart City", welcher „die Nutzung von Informations- und Kommunikationstechnologien in Städten und Agglomerationen [bezeichnet], um den sozialen und ökologischen Lebensraum nachhaltig zu entwickeln" (Maier & Zimmermann, 2016, S. 4). Eine Entwicklung hin zur digital vernetzten Stadt schließt verschiedenste Handlungsfelder mit ein, die als „Smart Governance", „Smart Citizen", „Smart Education", „Smart Living", „Smart Mobility", „Smart Environment" und „Smart Economy" bezeichnet werden (Ebd. S.6). Die Entwicklungsmöglichkeiten sind vielfältig; von elektronischen Wahlen über Austauschplattformen von Bewohnern eines Stadtteils bis hin zu einer Optimierung der Versorgungs- und Infrastrukturnetze durch die Nutzung von Big-Data-Technologien scheint vieles möglich zu sein. All dies hat direkte Auswirkungen auf die räumliche Entwicklung einer Stadt, da für künftige Entwicklungsaufgaben immer die digitale Komponente mitgedacht werden muss.

3.2.2 Instrumente der Raumplanung/-ordnung

Das Raumplanungssystem der Bundesrepublik Deutschland ist in diverse Planungsebenen eingeteilt. Zunächst haben die Kommunen die Planungshoheit; sie entscheiden über die Aufstellung von Flächennutzungs- und Bebauungsplänen, welche direkt ausschlaggebend für die zukünftige Raumstruktur sind. Diese Pläne orientieren sich an den Regionalplänen, die von der jeweiligen überörtlichen Planungsregion aufgestellt werden und Vorrang- bzw. Vorbehaltsgebiete für verschiedene Flächennutzungen festlegen. Auf Landesebene werden Landesentwicklungspläne erstellt, welche Zentrenstrukturen festlegen, überörtliche Räume definieren und Entwicklungsachsen festsetzen. Der Bund ist schließlich für die Legislatur verantwortlich und erstellt zudem Pläne für die ausschließliche Wirtschaftszone in

Nord- und Ostsee. Zwischen den verschiedenen Planungsebenen soll Austausch herrschen; das im Raumordnungsgesetz festgehaltene Gegenstromprinzip (§1 Abs. 3 ROG) schreibt vor, dass die unteren Ebenen die Leitvorstellungen der oberen berücksichtigen müssen und die oberen Ebenen die Bedürfnisse der unteren. Alle Pläne der Raumplanung/-ordnung haben einen Text- und einen Kartenteil, in dem die jeweiligen Planungsziele erläutert sind. All diese „harten" Instrumente der Raumplanung/-ordnung sind rechtlich geregelt; ihre Aufstellung und Durchführung unterliegt den Bestimmungen von Gesetzen und Verordnungen.

Hinzu kommen diverse „weiche", informelle Instrumente. Hierzu zählen beispielsweise unverbindliche Strategiepapiere, Modellvorhaben oder spezielle, meist wirtschaftliche Förderungen, die gewisse Entwicklungen zum Ziel haben. Diese können je nach Region und/oder spezifischem Vorhaben sehr unterschiedlich ausfallen; es gibt hier keine festgelegten Abläufe oder Formalitäten. Diese Flexibilität macht informelle Ansätze in der Praxis sehr beliebt; sie ergänzen die „harten" Instrumente.

Zum Instrumentarium der Raumplanung/-ordnung gehört auch bei fast allen formellen Prozessen die Beteiligung der betroffenen Bürger/innen. Diesen soll Gelegenheit gegeben werden, sich zu einem geplanten Vorhaben zu äußern und Kritik und Vorschläge einbringen zu können.

Die Digitalisierung hält auch in die Durchsetzung mancher Instrumente Einzug; sie erweitert das „harte" und „weiche" Instrumentarium um neue Bestandteile und Strategien. Genaue Entwicklungen werden im folgenden Kapitel beschrieben.

4 Auswirkungen der Digitalisierung auf den Raum

Die Auswirkungen der Digitalisierung als globalem Phänomen sind mannigfaltig, interdependent und regional dispers. Im Folgenden wird versucht – in verschiedene Teilbereiche gegliedert und auf die Bundesrepublik Deutschland bezogen - eine Übersicht der wichtigsten Transformationen zu geben, die in der Literatur beschrieben werden. Hierbei steht der räumliche Aspekt der Auswirkungen im Vordergrund. Gewählt wurden die Teilbereiche der Wirtschafts- und Erwerbsstrukturen, der Mobilität und den Verkehrsverflechtungen und der Siedlungsstruktur, um einen möglichst großen Bereich der in der Raumentwicklung diskutierten Aspekte abzubilden.

4.1 Wirtschafts- und Erwerbsstrukturen

Die Digitalisierung wird, wie bereits beschrieben, hauptsächlich von wirtschaftlichen Interessen wie der Effizienzsteigerung, der individuellen Massenproduktion oder der Erschließung neuer Geschäftsfelder vorangetrieben. Daher sind große Auswirkungen auch im Bereich der Wirtschafts- und Erwerbsstrukturen zu erwarten, welche sich wiederum direkt oder indirekt auf den Raum auswirken.

4.1.1 Allgemeine Veränderungen auf dem Arbeitsmarkt

In den vergangenen Jahren sind die Auswirkungen der Digitalisierung und der mit ihr einhergehenden Automatisierung auf den Arbeitsmarkt stark ins öffentliche Interesse gerückt. Unzählige Zeitungsartikel beschreiben, wie bereits in naher Zukunft vernetzte Roboter menschliche Arbeit ersetzen.

Eine der meistzitierten und aufsehenerregendsten Studien, die sich mit diesem globalen Phänomen beschäftigen, trägt den Titel „The future of Employment: How susceptable are jobs to computerisation?" und beschäftigt sich mit dem US-amerikanischen Arbeitsmarkt. Sie stellt eine Zahl von 47% von der Digitalisierung gefährdeten Jobs bei einem Zeithorizont von ein bis zwei Jahrzehnten in den wissenschaftlichen Diskurs (vgl. Frey & Osborne, 2013). Als die für eine Digitalisierung anfälligsten Berufe werden Transport- und Logistikarbeiter/innen, Sekretär/innen, Geschäftshilfen und Arbeiter/innen in der Produktion genannt. Generell sei im Service- und Dienstleistungssektor eine relativ hohe Wahrscheinlichkeit der Automatisierung vorhanden (vgl. Frey & Osborne, 2013, S. 44f). Diese Aussage kann in einen Zusammenhang mit dem ständig wachsenden Markt für digitale Assistenzsysteme wie Amazons „Alexa" oder „Google Home" gestellt werden.

In einer Vielzahl an Folgestudien und Untersuchungen wurde die Genauigkeit dieser Einschätzungen und die Auswirkungen auf den Deutschen Arbeitsmarkt analysiert. Wissenschaftler vom Zentrum für Europäische Wirtschaftsforschung in Mannheim kritisieren unter anderem die Fixierung von Frey und Osborne auf Berufsbilder und ihre Methodik der Experteninterviews, die zu einer Überschätzung der technologischen Entwicklung neigten. In ihrer Kurzexpertise „Übertragung der Studie von Frey/Osborne (2013) auf Deutschland" differenzieren sie nach automatisierbaren Tätigkeiten – nicht Berufen – und kalkulieren eine deutlich niedrigere Zahl von potentiell 9% gefährdeten Arbeitsplätzen in den USA bzw. 12% in Deutschland (vgl. Bonin, Gregory, & Zierahn, 2015, S. 23ff). In einem für diese Arbeit durchgeführten Experteninterview wurde deutlich, dass potentiell automatisierbare Tätigkeiten und tatsächlich automatisierte Tätigkeiten in der Praxis teilweise weit auseinanderliegen können (vgl. Experteninterview Zentrum für Europäische Wirtschaftsforschung, 2018).

Dengler und Matthes vom Institut für Arbeitsmarkt- und Berufsforschung der Bundesagentur für Arbeit gingen in ihrem Forschungsbericht 2015 davon aus, dass 15% der sozialversicherungspflichtigen Arbeitsstellen in Deutschland von der Digitalisierung gefährdet bzw. durch die fortschreitende digitale Entwicklung substituierbar seien (vgl. Dengler & Matthes, 2015, S. 4). In einer im Februar 2018 veröffentlichten Aktualisierung dieses Berichts korrigieren sie diese Zahl auf 25% nach oben und begründen dies mit der schnellen Marktreife neuer digitaler Technologien (vgl. Dengler & Matthes, 2018).

Eine aktuelle Umfrage des deutschen IT-Branchenverbandes Bitkom schätzt, dass bis 2023 3,4 Millionen Stellen aufgrund der Entwicklung von Robotern und intelligenten Algorithmen wegfallen. Ebenfalls wird prognostiziert, dass in Deutschland innerhalb der nächsten zwanzig Jahre etwa die Hälfte der aktuellen Berufsbilder wegfallen (vgl. Löhr, 2018).

Trotz stark variierender Einschätzungen des Anteils an automatisierbaren Arbeitsstellen kann festgehalten werden, dass Substitutionspotentiale bestehen und dem Arbeitsmarkt in Zukunft ein signifikanter Umbruch bevorsteht. Zu diesem Ergebnis kommt auch eine Folgestudie des Zentrums für Europäische Wirtschaftsforschung, welche auch die gesamtwirtschaftlichen Auswirkungen der Digitalisierung mit einbezieht. Diese stellt aber auch fest, dass von 2011 bis 2016 erfolgte betriebliche Investitionen in neue Technologien einen Beschäftigungszuwachs von 1% zur Folge hatten (vgl. Arntz, Gregory, & Zierahn, 2018, S. 107). Dennoch treten signifikante Substitutionseffekte auf; einfache Routine-Berufe werden automatisiert; es entstehen komplexere analytische und interaktive Arbeitsstellen (Ebd.).

Eine derartige Veränderung des Arbeitsmarktes wird auch räumliche Veränderungen nach sich ziehen, da neue Arbeitsplätze neue Anforderungen an den Arbeiter/die Arbeiterin stellen. Im Allgemeinen wird von der Notwendigkeit höherer Qualifikationen ausgegangen, was einen erhöhten Bedarf an Bildungseinrichtungen mit sich bringt. Zu Veränderungen der Industrie- und Gewerbegebiete bzw. Bürogebäuden durch die Digitalisierung sind in der Literatur bislang noch keine Aussagen zu finden. Auch die interviewten Experten schätzen, dass die Entwicklungen auf dem Arbeitsmarkt deutlich mehr soziale als räumliche Folgen nach sich ziehen (vgl. Experteninterview Stadtentwicklung Darmstadt, 2018; Experteninterview Zentrum für Europäische Wirtschaftsforschung, 2018).

4.1.2 Industrie 4.0

Die Industrie als zweitwichtigster Wirtschaftssektor Deutschlands befindet sich inmitten tiefgreifender Veränderungen, die durch den Digitalisierungsprozess ausgelöst wurden. Jeder vierte Deutsche arbeitet im sekundären Wirtschaftssektor (vgl. Destatis, 2016, S. 128), was im Vergleich zu anderen Industrieländern ein überdurchschnittlich hoher Anteil ist. Dies ist mit den großen deutschen Industriezweigen des Maschinenbaus, des Automobilbaus und der Chemie- und Pharmaindustrie zu erklären.

Die Digitalisierung verspricht eine tiefgreifende Automatisierung und Vernetzung der einzelnen Produktionsschritte, was in der Industrie zu Produktivitätssteigerungen führen könnte. Dieser Prozess wird gemeinhin mit dem Schlagwort „Industrie 4.0" umschrieben. Das Bundesministerium für Arbeit und Soziales beschreibt die Entwicklung folgendermaßen: „[Bei der Industrie 4.0] verschmelzen virtuelle und reale Prozesse auf der Basis sogenannter cyberphysischer Prozesse. Dies ermöglicht eine hocheffiziente und hochflexible Produktion, die Kundenwünsche in Echtzeit integriert und eine Vielzahl von Produktvarianten ermöglicht." (Bundesministerium für Arbeit und Soziales, 2015, S. 87). Ein weiterer Fokus liegt laut der „Plattform Industrie 4.0", einer Initiative des Bundesministeriums für Wirtschaft und Energie sowie des Bundesministeriums für Bildung und Forschung, auf der „intelligenten Wertschöpfungskette", welche durch die Digitalisierung entsteht, gesamte Produktlebenszyklen im Auge hat und eine preisgünstige individuelle Massenproduktion ermöglicht (vgl. Plattform Industrie 4.0).

Ein weiterer, erst seit kurzem zu beobachtende Prozess ist der der Produktionsrückverlagerung zurück in Hochlohnländer wie die Bundesrepublik. Ein Grund hierfür ist unter anderem auch die Digitalisierung, die durch Effizienzsteigerungen und der Möglichkeit zur Individualisierung zu neuen Fabrikanlagen in Deutschland führt. Die Anzahl an Rückverlagerungen pro Jahr wird mit 500 beziffert (vgl. Hagelücken, 2018). So baut beispielsweise Adidas in Franken eine voll automatisierte Schuhfabrik, die eine zeitnahe Lieferung von individuell gestalteten Sportschuhen an die Kunden ermöglichen soll – mehrere Monate Transportzeit in Schiffscontainern gehören mit dieser Art der Produktion der Vergangenheit an (vgl. Website Handelsblatt A).

Festzuhalten bleibt, dass die digitalisierte Fabrik der Zukunft andere Anforderungen haben wird, als eine heutige, „klassische" Produktionsstätte. Eine Grundvoraussetzung ist die Versorgung einer solchen Fabrik mit zuverlässiger und schneller Dateninfrastruktur, die den Anforderungen der Industrie 4.0 gerecht wird. Des Weiteren kann in der Individualisierung von Produkten und der schnellen Lieferung derer ein Wettbewerbsvorteil gesehen werden, was eine Rückverlagerung der Produktion („Reindustrialisierung") in die Nähe der Absatzmärkte zur Folge hat. Aus räumlicher Sicht sollte auch über die Lage, Gestaltung und Anbindung von „digitalisierten Industriegebieten" nachgedacht werden: Logistikketten könnten sich beispielsweise in Zukunft zumindest teilweise auf autonome Fahrzeuge in der Luft und auf dem Boden verlagern.

4.1.3 Neuartige Produktionsverfahren und Arbeitsformen

Durch die Digitalisierung entstehen unzählige neuartige Produktionsverfahren und Arbeitsformen, von denen in der vorliegenden Arbeit nur eine Auswahl beschrieben werden kann. Die Auswahl erfolgte durch die Relevanz der einzelnen Punkte in der Literaturrecherche und der Raumbedeutsamkeit.

3D-Druck

Ein erst durch die Digitalisierung ermöglichtes und rentables Produktionsverfahren in der Industrie 4.0 ist der 3D-Druck. Er zählt zu den additiven Produktionsverfahren und kann als Prozess, bei dem „dreidimensionale Objekte aus einem oder mehreren Materialien schichtweise mittels physikalischer oder chemischer Schmelz- oder Härtungsverfahren aufgebaut werden" (Feldmann & Gorj, 2017, S. 18) beschrieben werden. Am Computer erstellte 3D-CAD-Modelle lassen sich durch den 3D-Druck so ohne Materialverschleiß und mit gleichbleibenden Stückkosten fertigen. Seinen Durchbruch erhielt der 3D-Druck durch den Einsatz zu

Prototypenherstellung in der Automobilindustrie (vgl. Staiger, Cap, Stelzer, & Schiebel, 2015, S. 4).

Der 3D-Druck ist eine der Grundlagen für eine zukünftige individuelle Massenproduktion und Treiber von dezentraler und regionaler Produktion. Durch die Größe und einfache Handhabung eines 3D-Druckers kann faktisch überall produziert werden; auch 3D-Drucker für den privaten Hausgebrauch existieren bereits. Ein Anwendungsszenario ist beispielsweise die Ersatzteilproduktion, die so schnell entweder zuhause beim Verbraucher oder in speziellen 3D-Druck-Laboren geschehen kann (vgl. Eckl-Dorna, 2013). Auch weitaus abwegiger erscheinende Produkte können bereits durch spezielle 3D-Drucker hergestellt werden: Die Möglichkeiten reichen von individualisierten Lebensmitteln (vgl. Sauer, 2015), gedruckten Geweben und Organen (vgl. Meyer, 2016) bis hin zu ganzen Gebäuden mit bisher unrealisierbaren Geometrien (vgl. Fabricius, 2017).

Der 3D-Druck könnte folglich räumlich gesehen zu einer Entstehung von dezentralen Kleinstfabriken führen, die ein breites Spektrum von individualisierten Produkten anbieten. In Darmstadt gibt es bereits erste Unternehmen und Ausgründungen, die einen solchen Service – wenn auch beschränkt auf einzelne Materialien – anbieten (beispielsweise das 3D-Printer-Fab http://3d-printer-fab.de/).

Freelancer, Digitalnomaden und CoWorking-Spaces

Einige Arbeitsplätze im Dienstleistungssektor sind dank der Digitalisierung ortsunabhängig geworden. Der Kontakt zum Kunden ist problemlos über Telefonie, Videokonferenzen oder E-Mail möglich, sodass manche Mitarbeiter von jedem Ort mit Internetanbindung arbeiten können. Dies begünstigte die Entstehung von neuen Arbeitsmodellen wie beispielsweise dem mobilen Arbeiten (Kapitel 4.1.4) oder völlig neuen Arbeitsformen wie das „Freelancen". Gemeint sind damit Selbstständige, hochqualifizierte Arbeiter/innen, die von Unternehmen für die Durchführung eines zeitlich beschränkten Projekts eingekauft werden (vgl. Schürmann, 2013, S. 25ff). Eine weitere, mit dem „Freelancing" oftmals verknüpfte Arbeitsform ist die des/der „Digitalnomaden". Dieser Typus Arbeiter benötigt für die Ausübung seines Berufs nur eine Anbindung an das Internet und kann so faktisch ortsunabhängig arbeiten. Hierbei handelt es sich oftmals um Programmierer, Webdesigner und SEO[2]-Spezialisten, aber auch einige Anwälte oder Unternehmensberater üben ihre Arbeit mittlerweile ortsunabhängig aus (vgl. Bös, 2017).

Als Treffpunkt dieser Arbeiter/innen entstanden in den letzten Jahren immer mehr sog. „CoWorking-Spaces". Diese Geschäftsräume werden von Holm Friebe mit den als Worten Arbeitsraum, Sozialraum, Kontaktraum, Wirtschaftsraum, Informationsraum, Spielraum, Entwicklungsraum, Besprechungsraum, Großraum, Ideenraum, Veranstaltungsraum und Schauraum beschrieben (vgl. Friebe & Ramge, 2008) und sind oftmals in urbanen Ballungszentren gelegen. Zentraler Bestandteil eines jeden CoWorking-Spaces ist ein Arbeitsraum, der als „eine Mischung aus Großraumbüro, Bürogemeinschaft und Kaffeehaus" (Schürmann, 2013, S. 33) beschrieben werden kann. Ein CoWorking-Space ermöglicht das Zusammentreffen gleichgesinnter Arbeiter/innen, die oftmals eine flexible Community bilden und Wissens-Netzwerke bilden (ebd.).

Die Anzahl der weltweiten CoWorking-Spaces wächst derzeit jährlich um mehr als 40% und wird für das Jahr 2018 mit mehr als 18.000 solcher Arbeitsorte beziffert (vgl. Zukunftsinstitut GmbH, 2016). Auch in der Rhein/Main-Region entstanden bereits erste CoWorking-Spaces, darunter knapp 20 in der Innenstadt Frankfurts (vgl. Website Coworkingguide) und bisher einer in der Nähe des Darmstädter Hauptbahnhofes. Auffällig ist, dass nahezu jeder dieser neuartigen Arbeitsorte über eine hervorragende ÖPNV-Anbindung verfügt.

4.1.4 Mobiles Arbeiten

„Mobiles Arbeiten" wird vom Bundesministerium für Arbeit und Soziales wie folgt definiert: „Mobiles Arbeiten bezeichnet das Arbeiten außerhalb der Betriebsstätte. Es umfasst die Arbeit von zu Hause aus (Telearbeit, alternierende Telearbeit), die Arbeit beim Kunden (z. b. Service oder Vertrieb), die Arbeit von unterwegs (z. b. Flugzeug, Hotelzimmer) und die Arbeit im Rahmen von Dienstreisen (z. b. Messe, Kongress)" (Bundesministerium für Arbeit und Soziales, 2015, S. 48). Voraussetzung hierfür ist, dass ein Arbeiter mittels Informations- und Kommunikationstechnologie mit dem Internet bzw. seinem Unternehmen verbunden ist.

Beim mobilen Arbeiten ist besonders die Telearbeit raumwirksam, da sie die ursprüngliche räumliche Trennung von Arbeit und Wohnen komplett (Telearbeit) oder teilweise (alternierende Telearbeit) aufhebt. Hierbei ist festzustellen, dass

---

[2] Search Engine Optimization, Suchmaschinenoptimierung

entgegen des vermuteten Zusammenhangs zwischen verbesserter Informations- und Kommunikationstechnologie und einer steigenden Anzahl an Telearbeitsplätzen das Gegenteil der Fall ist. Seit 2008 stagniert in Deutschland die Anzahl derjenigen, die manchmal oder überwiegend zuhause erwerbstätig sind (vgl. Brenke, 2014, S. 132). Europaweit betrachtet geht der Trend allerdings zu mehr Telearbeit (ebd.). Unter dem Punkt „Mobiles Arbeiten" kann folglich – zumindest in Deutschland - auf keine Auswirkung der Digitalisierung geschlossen werden. Es überwiegen andere Effekte, die zurück zu einem stationären Arbeiten am Standort des Arbeitgebers führen.

4.1.5 Onlinehandel vs. stationärer Einzelhandel

Eine sehr direkte Folge der Digitalisierung ist wiederum das Aufkommen des Onlinehandels, dessen Umsatz seit Jahren beständig im zweistelligen Bereich wächst und 2017 58,5 Mrd. € betrug (Website Handelsblatt B). Diese Entwicklung wird in der Literatur als besonders raumrelevant bewertet, da die Entwicklung einer Stadt historisch betrachtet sehr eng mit der des (Einzel-)Handels zusammenhängt. Beispiele hierfür sind Fußgängerzonen, die in Folge der Massenmotorisierung der Nachkriegszeit die Innenstadt aufwerten und zum entspannten Konsum anregen sollten und das Aufkommen von Shopping-Centern bzw. „Malls" auf der grünen Wiese („IKEA"-Prinzip) oder in attraktiven Innenstadtlagen (vgl. Ebert, 2016, S. 22f).

Das Bundesinstitut für Bau-, Stadt und Raumforschung differenziert bei der Betrachtung räumlicher Auswirkungen des Onlinehandels zwischen Klein-, Mittel- und Großstädten, von denen letztgenannten die besten Chancen im Standortwettbewerb des Handels zugesprochen wird. Sie bieten zusätzlich zu einer großen Auswahl ein besonderes „Einkaufserlebnis", was dazu führt, dass Kunden teilweise lange Anfahrtswege in die Innenstadt in Kauf nehmen und der Einkauf zum (Freizeit-)Event wird (vgl. Korinke, Zur Nedden, & Bundesinstitut für Bau- Stadt- und Raumforschung, S. 8). Großstädten in wachsenden Regionen (100.000 Einwohner oder mehr), zu denen auch Darmstadt zählt, wird auch von befragten Experten im Allgemeinen ein Bedeutungsgewinn zugesprochen (ebd. S.51).

Bei der Betrachtung der Auswirkungen des Onlinehandels auf den Einzelhandel sind viele Faktoren zu berücksichtigen. Generell ist mit einem steigenden Marktanteil des Onlinehandels zu rechnen (ebd. S. 44), der auch die wachsenden Online-Angebote von stationären Händlern einschließt. Vice versa eröffnen auch bisherige reine Onlinehändler Offline-Filialen in Innenstädten (vgl. Gassmann, 2017). Eine gegenseitige Ergänzung und zukünftige Konsolidierung von Online und Offline-Handel („Multichannel-Handel") scheint absehbar (vgl. Korinke et al., S. 7). Außerdem ist ein Trend zu sog. „Showrooms" zu beobachten, in denen lediglich Produkte vorgeführt werden, die dann wiederum online bestellt und direkt an den Kunden geliefert werden (vgl. Gassmann, 2017).

Einen Sonderfall nimmt der Online-Einkauf von Lebensmitteln ein: Die Einschätzungen reichen von einem zukünftigen Nischendasein bis hin zur Annahme, dass in absehbarer Zukunft über 60% der Verbraucher ihre Lebensmittel online bestellen (vgl. Korinke et al., S. 7).

Für 1A-Lagen in Großstädten in wachsenden Regionen werden steigende Mieten und eine Verknappung der dortigen Handelsflächen prognostiziert, während in den B-Einkaufslagen und Nebenlagen durchaus zunehmende Ladenleerstände vorkommen können (ebd., S. 60). Dennoch ist von einer „weitgehenden Einigkeit [...], dass die Innenstädte in zehn Jahren nicht völlig anders aussehen werden als heute" (ebd., S. 65) die Rede. Dies setzt allerdings voraus, dass sich die existenten stationären Einzelhändler auf die veränderten Rahmenbedingungen einlassen und mit neuen Konzepten auf das Aufkommen des Onlinehandels reagieren. Gerald Doplbauer vom Marktforschungsunternehmen GfK fasst zusammen: „Der Onlinehandel stellt eine disruptive Innovation für den Einzelhandel dar, die manche der heutigen Player entweder in die Insolvenz oder in die nächste Entwicklungsstufe ‚zwingen' wird" (Doplbauer, 2015, S. 17).

Flächenwirksam wird der Onlinehandel auch durch den Bau von riesigen Logistikzentren, welche die Lagerung und den Versand der online verkauften Produkte abwickeln. Durch den steigenden Umsatz im Onlinehandel wird auch die Anzahl solcher Logistikzentren zunehmen, die zumeist in der unmittelbaren Nähe zu Autobahnen oder großen Logistik-Drehkreuzen wie Flughäfen oder Containerhäfen angesiedelt sind.

Abbildung 2: Raumwirksamkeit von Logistikzentren, Beispiel Amazon-Lager in Bad Hersfeld
(Foto: Harald Friedrich, https://osthessen-news.de/n11561994/bad-hersfeld-verwaltungsgericht-kassel-sonntagsarbeit-bei-amazon-rechtswidrig.html, Abruf am 23.3.2018)

4.2 Mobilität und Verkehrsverflechtungen

Ein weiterer großer, durch die Digitalisierung beschleunigter Transformationsprozess findet im Bereich der Mobilität und des Verkehrs statt, welcher durch verschiedenste digitale Technologien vor einer tiefgreifenden Veränderung stehen könnte. Unter Mobilität wird im allgemeinen die „Beweglichkeit von Menschen und Dingen" (Läpple, 2005, S. 654) verstanden. Da sich die vorliegende Arbeit hauptsächlich der räumlichen Entwicklung widmet, liegt ein besonderer Fokus auf der Verkehrsmobilität, welche als „alltägliche[r] und periodische[r] Ortswechsel, die vor allem aus der räumlichen Trennung der elementaren Lebensfunktionen Wohnen, Arbeiten, Versorgen und Erholen resultieren" (Läpple, 2005, S. 655) definiert werden kann. Die Verkehrsmobilität kann in einen engen Zusammenhang mit der Siedlungsstruktur einer Stadt gebracht werden (Ebd.).

In einer großräumlichen Betrachtung sorgt eine Veränderung der Mobilität auch immer für eine Veränderung der Beziehung zwischen den verbundenen Räumen und damit zu einer Veränderung der dortigen Flächennutzungen.

4.2.1 Logistik und Transportaufkommen

Das Bundesministerium für Verkehr und Digitale Infrastruktur geht in seiner Verkehrsprognose 2030 davon aus, dass das Transportaufkommen in der Bundesrepublik bis 2030 im Vergleich zum Jahr 2010 um ca. 18% auf etwa 4,3 Millionen Tonnnen steigen wird (vgl. Bundesministerium für Verkehr und Digitale Infrastruktur, 2014, S. 286). Zugrunde liegt dieser Zahl die Annahme eines kontinuierlichen Wachstums des deutschen Bruttoinlandprodukts bei stagnierender Bevölkerung durch den demographischen Wandel (Vgl. ebd. S.157).

Für einige Teilbereiche des Transport- und Logistiksektors ist allerdings nicht mit Wachstum, sondern mit einem Umsatzrückgang zu rechnen. Ein Beispiel hierfür ist der Postmarkt, der sich hauptsächlich aus Werbesendungen (57%), Briefen (24%), Zeitungen und Zeitschriften (16%) und Paketen (3%) zusammensetzt (vgl. Riehm & Böhle, 2013, S. 8). Sowohl Werbung, als auch private Nachrichten verlagern sich heute immer mehr in das Internet. Das Büro für Technikfolgen-Abschätzung des Deutschen Bundestages rechnet bis 2020 mit einem Rückgang von 2,3 bis 5 Mrd. Sendungen im Vergleich zu 2010. Dies entspricht einem Rückgang von 13% bzw. 33% (ebd. S.12) und zeigt, dass die Zunahme des Online-Handels relativ geringe Auswirkungen auf die Gesamtanzahl an Sendungen im Postmarkt hat. Da die steigende Anzahl an Paketen durch den Online-Handel deutlich mehr Raum benötigen, verstopfen allerdings zunehmend Lieferwagen der Paketdienste die Innen- und Außenbezirke deutscher Großstädte (vgl. Experteninterview Stadtentwicklung Darmstadt, 2018).

Von besonderer Raumbedeutsamkeit könnte der bereits beschriebene 3D-Druck sein, in dem die Deutsche Post DHL Gruppe das Potential sieht, die Logistik ähnlich nachhaltig zu verändern, wie es die E-Mail im Postgeschäft vermochte (vgl. DHL Trend Research, 2016, S. 7). Des Weiteren könnten Innovationen wie unbemannte Lieferdrohnen einen Teil des Verkehrs in die Luft verlagern und so ebenfalls vorhandene Infrastruktur entlasten. Diese Entwicklung ist vor allem für verkehrsbelastete Innenstädte oder abgelegene Orte relevant (Vgl. ebd., S. 45), ist aber aufgrund fehlender rechtlicher Rahmenbedingungen und technologischer Lösungen (beispielsweise bei schlechtem Wetter) noch in den Kinderschuhen. Eine Marktreife wird für 2021 oder später vorhergesagt (Vgl. ebd. S. 15), sodass von einer weitergehenden Analyse der räumlichen Auswirkungen einer auf automatisierten Drohnen basierten Logistik in dieser Arbeit abgesehen wird.

Wie weit die Ideen allerdings bereits reichen, zeigt ein von Amazon angemeldetes Patent, welches riesige Lager-Luftschiffe beschreibt, die Produkte aus einer Höhe von mehreren Kilometern per Drohnen zu den Endverbrauchern auf die Erde liefern (vgl. Hegmann, 2016).

4.2.2 Autonomes Fahren, Sharing Economy und intermodale Verkehrsmodelle

Für die Auswirkungen des autonomen Fahrens auf Stadtstrukturen gibt es in der wissenschaftlichen Literatur mehrere Szenarien, die sich nach Dirk Heindrichs in drei Gruppen einteilen lassen: regenerative und intelligente Stadt, hypermobile Stadt und endlose Stadt (vgl. Heindrichs, 2015, S. 222).

Das Szenario der regenerativen und intelligenten Stadt beschreibt eine in Metropolregionen eingebettete Stadt, die durch technologische Entwicklung deutlich effizienter und umweltfreundlicher wird. Gebäude werden energetisch renoviert und mit dezentralen erneuerbaren Energien versorgt. Die Einwohner dieser Stadt fühlen sich der Nachhaltigkeit verpflichtet und passen ihr Mobilitätsverhalten dementsprechend an (ebd., S. 223). Eine große Rolle in Szenarien dieses Typs spielen multi- bzw. intermodale Verkehrsmodelle. Multimodalität bezeichnet hierbei „ein Verkehrsverhalten, das durch die Verwendung verschiedener Verkehrsmittel im Verlauf eines Zeitraumes, der üblicherweise mehrere Wege beinhaltet, gekennzeichnet ist" (vgl. Gerike, 2016). Intermodalität wird als Spezialfall der Multimodalität definiert und beschreibt „die Nutzung unterschiedlicher Verkehrsmittel im Verlauf eines Weges" (ebd.).

Die Digitalisierung ermöglicht mobile Anwendungen und Assistenzsysteme, die den Zugang zu einem nutzerfreundlichen multimodalen Verkehrssystem ermöglichen. In der regenerativen und intelligenten Stadt soll es einen modernen und leistungsstarken öffentlichen Personennahverkehr geben, danebengut an- und verbundene Fuß- und Radwege und individuelle Verkehrsmittel wie E-Bikes oder Elektroautos, die von vielen Personen geteilt werden. Ein persönliches Assistenzsystem stellt dem Nutzer die besten Kombinationen der aufgeführten Verkehrsmittel für die gewünschte Strecke zur Verfügung (vgl. Heindrichs, 2015, S. 223). Diese Entwicklung würde den großen Flächenbedarf des heutigen motorisierten Individualverkehrs deutlich verringern, da sich immer mehr Menschen ein Auto teilen würden, statt es zu besitzen. Parkflächen können dann aufgrund fehlender Nachfrage zurückgebaut werden und anderweitig genutzt werden. Des Weiteren wird im Szenario der regenerativen und intelligenten Stadt mit der Ausbildung von

„Mobilitätsknoten" gerechnet, um die eine polyzentrische Stadtstruktur entsteht (ebd. S.224).

Auch im Szenario der hypermobilen Stadt wird davon ausgegangen, dass technische Innovationen die Mobilität verändern, allerdings bei gleichbleibendem Ressourcenverbrauch und damit einhergehender Umweltbelastung. Das automatisierte Fahrzeug ermöglicht durch autonomes Fahren Massentaxi-Systeme, die den öffentlichen Verkehr prägen und zu einer Zunahme der Mobilitätsnachfrage führen (ebd. S. 225). Vorhergesagt wird eine zunehmende Verdichtung der Innenstädte und ein Wachstum suburbaner Gebiete, in denen sich einkommensstarke Haushalte niederlassen. Dies wird durch das einfache Pendeln im autonomen Fahrzeug und dem Wunsch nach Erholung im naturnahen Raum von einer zunehmend fordernderen Arbeitsumwelt (s. Kap. 4.3.2) begründet (ebd.).

Das Szenario der endlosen Stadt geht von einer Nicht-Durchsetzung der technologischen Innovationen aus und beschreibt eine weiterhin vom motorisierten Individualverkehr geprägte Stadtstruktur, die immer weiter in die Fläche wächst (ebd. S. 226). Hier bleiben die Auswirkungen der Digitalisierung sehr begrenzt.

Beide prognostizierten Entwicklungen im Zusammenhang mit der Digitalisierung - autonome Privatfahrzeuge und autonomes Carsharing – sind raumbedeutsam, wenn auch in unterschiedlicher Weise. Autonome Privatfahrzeuge bringen eine Platzersparnis im innerstädtischen Parken mit sich, da sie den Fahrer vor einer gewünschten Adresse absetzen und selbstständig einen Parkplatz suchen. Für auf autonome Fahrzeuge ausgelegte Parkhäuser wird mit einer deutlichen Flächenersparnis gerechnet, welche sich je nach Technologie auf bis zu 60% beziffern lässt (vgl. Kowalewski, 2014). Autonomes Carsharing hingegen könnte den Bedarf an Parkplätzen in Innenstädten nochmals deutlich reduzieren, da ein Fahrzeug nach Absetzen des Kunden von einer zentralen Plattform direkt zum nächsten Kunden geleitet wird und somit die meiste Zeit in Bewegung ist. Nötig würden hier allerdings spezielle Orte zur Wartung und Betanken/Laden dieser Fahrzeuge. Frei werdende Stellplätze könnten zu „multifunktionale[n] Wegflächen" (Heindrichs, 2015, S. 233) umgenutzt werden. Neu entstehende Räume wären spezielle Transitbereiche an Mobilitätsknotenpunkten, an denen Kunden in autonome Autos ein- oder aussteigen. Dort wäre mit einer Zunahme von Dienstleistungen und Einkaufsmöglichkeiten zu rechnen (ebd.). Ein/e Wissenschaftler*in am Fraunhofer IAO geht davon aus, dass autonome Fahrzeuge die räumliche Trennung zwischen Wohnen und Arbeiten drastisch verstärken können. Möglich wäre auch ein nächtliches Pendeln in entfernte Großstädte in „Schlafautos". Die Wohnortwahl wäre dann stärker von weichen Faktoren abhängig und würde aktuelle Überlegungen wie die Nähe zum Arbeitsplatz obsolet machen (vgl. Experteninterview Fraunhofer IAO, 2018).

Im Allgemeinen wird bei autonomem Fahrzeugen zwischen verschiedenen Stufen der Automatisierung unterschieden, von denen Stufe 5 das sich vollautonom bewegende Fahrzeug ohne Notwendigkeit eines Lenkrades oder Gaspedals beschreibt. Das Büro für Technikfolgen-Abschätzung des Bundestags geht davon aus, dass vollautomatisiertes Fahren in der nahen Zukunft bereits in einigen Situationen (bspw. auf Autobahnen oder in Parkhäusern) möglich sein wird, ein fahrtüchtiger Fahrer allerdings noch viele Jahre notwendig bleiben wird (vgl. Grunwald, 2017). Der tödliche Zusammenstoß eines selbstfahrenden Uber-Fahrzeuges im März 2018 wirft weitere Fragen auf und scheint eine Marktreife noch ferner in die Zukunft zu rücken. Dass es autonome Fahrzeuge geben wird, scheint mitunter als sicher und wird von den Experten ebenfalls so eingeschätzt. Wie genau der Markt allerdings aussehen wird und zu welchem Zeitpunkt mit einer Marktreife zu rechnen ist, ist zurzeit unklar.

Statistiken zur Entwicklung von Carsharing in Deutschland belegen allerdings die Entwicklung hin zu einer „Sharing Economy" – einer Wirtschaft, die auf dem Teilen von Gegenständen beruht - im Bereich der Mobilität: Alleine von 2017 bis 2018 wuchs die Anzahl der Fahrberechtigten im Carsharing um 23% auf über 2 Millionen Nutzer (vgl. Bundesverband CarSharing, 2018).

4.2.3 Elektromobilität

Das Carsharing erweist sich unter anderem auch als „Botschafter der Elektromobilität", da viele Kunden durch die existierenden Carsharing-Systeme zum ersten Mal in Kontakt mit Elektromobilität kommen (vgl. Rid, Parzinger, Grausam, Müller, & Herdtle, 2018, S. 25). Die Elektromobilität kann in einem engeren Sinn nicht als Auswirkung der Digitalisierung bezeichnet werden, da die zugrundeliegende Technologie (Elektromotoren und Stromspeichersysteme) bereits seit Jahrzehnten marktreif ist und nicht mit der Verfügbarkeit von Informations- und Kommunikationstechnologie zusammenhängt. In einem weiteren Sinn formt die Digitalisierung allerdings durch die Ermöglichung eines sogenannten „Smart Grids" die Vision eines klimaneutralen, von erneuerbaren Energien gespeisten und von Großrechnern gesteuerten Energiesystems, welches nachhaltig die Energie für Elektromobilität bereitstellt. Zudem ist die Elektromobilität im heutigen Diskurs unverzichtbarer Teil der digitalen Mobilität der Zukunft (vgl. Hasse et al., 2017, S. 8).

Ein/e Vertreter*in des Amtes für Stadtentwicklung und Wirtschaft der Wissenschaftsstadt Darmstadt, sieht in der Elektromobilität das Potential, derzeitige Stadtstrukturen radikal zu verändern: Durch die Vermeidung von Lärm und Luftschafstoffen durch E-Mobilität können derzeitige Un-Orte an den Hauptverkehrsachsen deutlich an Attraktivität gewinnen (vgl. Experteninterview Stadtentwicklung Darmstadt, 2018). Große Verkehrstrassen bringen einzelne Bereiche der Stadt wieder zusammen statt sie zu zerschneiden. E-Mobilität könnte so in Verbindung mit Fahrverboten für Fahrzeuge mit hoher Umweltbelastung dazu führen, dass einkommensstarke Haushalte von den ruhigen Randgebieten der Stadt zurück in bestens angebundene Innenstadtlagen ziehen. In diesem Zusammenhang wird von einer möglichen „Renaissance des Boulevards" gesprochen (Ebd.).

Die für Elektromobilität notwendige Ladeinfrastruktur wirkt sich auch direkt auf die Straßenraumgestaltung aus: Ladestationen gehören zunehmend zum Stadtbild und sind keine Seltenheit mehr. Allerdings versperren diese teilweise auch Fußwege und Ladekabel können sich zu Hindernissen für Fußgänger entwickeln (vgl. Hamann, 2018). Lösungen hierfür werden allerdings auch bereits im Bereich der induktiven Ladetechnik entwickelt, die kontaktloses Aufladen während der Fahrt ermöglicht und Ladesäulen obsolet macht (vgl. Weißenberg, 2017). Eine mit Induktionsspulen ausgestattete Straße reduziert ferner die Ladekapazität der Autos und damit Batteriegröße und -gewicht und kann als Führungsspur für autonomes Fahren dienen (vgl. Schwarzer, 2015).

4.3 Siedlungsstruktur

Die bereits skizzierten Auswirkungen beeinflussen vorhandene Siedlungsstrukturen, welche als „quantitative[s] und qualitative[s] Verteilungsmuster von Wohnungen, Arbeitsstätten und Infrastruktur innerhalb eines bestimmten Gebietes" (vgl. Website Akademie für Landes- und Raumplanung) definiert werden können. Es gibt im Rahmen der Digitalisierung allerdings auch allgemeine Auswirkungen, die die Siedlungsstruktur verändern können bzw. werden und nicht unter Wirtschafts- und Erwerbsstrukturen bzw. Mobilität und Verkehrsverflechtungen subsumiert werden können. Diese werden im folgenden Unterkapitel erörtert.

4.3.1 Stadt als Ort der Kommunikation

Eine ganz grundsätzliche Frage wirft der Historiker Helmut Böhme in seinem Aufsatz „Konstituiert Kommunikation Stadt?" auf, indem er die Stadt als „Mythos, der durch Raum Zeit verdichtet" (Böhme, 2000, S. 25) beschreibt. Aufgrund der weitaus größeren Konzentration von Menschen in der Stadt wurden in der Vergangenheit Kommunikationswege und -zeiten um ein Vielfaches verkürzt, sodass die räumliche Dichte einer Stadt „als Machtgarantie und Informationsvorsprung" (ebd., S.33) gesehen werden konnte. Dieser Grundlage ist die Stadt durch die Digitalisierung nun beraubt, da sie ortsunabhängige Kommunikation für Jedermann in Echtzeit ermöglicht. Böhme sieht in dieser Entwicklung „das Potential [...], den Raum zu vernichten" (ebd., S. 35) und Städte zu reinen „Schlafkasernen" oder „Autodörfern" (ebd., S. 34) ohne partizipativen Charakter verkommen zu lassen. Seiner Ansicht nach sollte die Antwort darauf in der „Wiedergewinnung des einmaligen Ortes" liegen, der „Widerstand gegen die Fragmentierung von Alltag, Wohnen und Arbeit" (ebd., S.35) leistet.

Helmut Bott analysiert in seinem Aufsatz „Stadt-Schichten" ebenfalls Dezentralisierungs- und Individualisierungswirkungen der Digitalisierung – beispielsweise in Form der Trennung von Firmenzentralen und tatsächlicher Produktion. Hinzu kommt die Ersetzung von „ortsbezogenen Identitätsstiftungen" wie Nachbarschaften, Gewerkschaften oder Kirchengemeinden durch „ die Zugehörigkeit zu einer eher freizeitbezogenen und häufig kommerziell organisierten Szene" wie Fitnesscentern (Bott, 2000, S. 107). Dieser Entwicklung zuwider stehen (Gegen-)Kräfte wie die Entstehung neuer Räume in Flughäfen und Kongresscentern durch die neuen Wirtschaftsstrukturen oder die Fortführung von städtischen Festen und Kulturevents. Bott spricht in diesem Zusammenhang von einem Stadt-Schichten-Modell (ebd.). Eine Stadt kann als eine Überlagerung von vielen historisch gewachsenen Schichten beschrieben werden, die die aktuellen sozialen, wirtschaftlichen und kulturellen Zustände prägen. Aufgrund der Digitalisierung entwickeln sich nun neue Schichten, die bereits gewachsene Schichten teilweise überdecken. Abhängig von den örtlichen Überlagerungskombinationen entstünden höchst unterschiedliche Lebenswelten, die in sich selbst „sehr labil" sind und sich schnell wieder verändern können (ebd., S.110). Für die europäische Stadt sieht er als Szenario „das äußerliche Fortbestehen von Elementen traditioneller Lebenswelten in der vielfachen Überlagerung durch neue Technologien, Medien und Kommunikationsformen" oder bildlich beschrieben „de[n] völlig vernetzten Bildschirm-Heimarbeiter als Schützenkönig" oder „de[n] abgeschafften Computerfreak-Heimarbeiter am Kebab-Stand, den Besitzer duzend" (ebd., S.111).

4.3.2 Beschleunigung des Alltags und räumliche Folgen

Die ständige Informationsverfügbarkeit an allen Orten und zu jeder Zeit geht einher mit veränderten Ansprüchen an das Individuum. Obwohl die durchschnittlichen wöchentlichen Arbeitsstunden in den letzten drei Jahrzehnten kontinuierlich gesunken sind (vgl. Destatis, 2016, S. 127), führt dies nicht zu mehr Freizeit und Entspannung. Nach Prof. Martin Kocher, Lehrstuhlinhaber für Verhaltensökonomik und experimentelle Wirtschaftsforschung an der Universität München, ist ein Grund hierfür ständige Ablenkung durch extensive Smartphone-Nutzung, die zu einem erhöhten Stresslevel führt (vgl. Weber, 2015). Es sei zudem durch die steigende Anzahl an eingehenden und zu beantwortenden Mails bzw. mobiler Kommunikation schwieriger, sich auf eine Aufgabe ausreichend lange zu fokussieren und in einen „Flowzustand" zu kommen.

Die New York Times beschreibt in diesem Zusammenhang das Phänomen der „busy trap", wonach der Zustand des ständigen Beschäftigt-Seins bzw. Beschäftigt-Tuens zu einer Art gesellschaftlichem Statussymbol wurde (vgl. Kreider, 2012). Wolfgang Heinze und Heinrich Kill fassen die Auswirkungen allgemeiner zusammen: „Dieser Effizienzsteigerung durch Beschleunigung aller Prozesse und totale Erreichbarkeit stehen physische und psychische Anpassungsschwierigkeiten des Menschen gegenüber. Das Ergebnis bilden „Hurry sickness", Disfunktionalität (Funktionsverlust) und Disperspektivität (Zukunftsangst). [...] Science-Fiction und extreme Komplexitätsreduktion (Fundamentalismus) werden zu Teilen der Normalität." (Heinze & Kill, 2005, S. 1151 f.).

Aus raumplanerischer Sicht könnte aufgrund dieser Entwicklungen der Wunsch nach mehr Naherholung - beispielsweise in Stadtparks - entstehen, für den befragte Experten allerdings bestehende Freiraumstrukturen und Parkanlagen als ausreichend bewerten (vgl. Experteninterview Stadtentwicklung Darmstadt, 2018). Der städtische Park sei schon immer eine „Bühne" gewesen, die sich verändernde Gesellschaften nur anders nutzen (Ebd.)

4.3.3 Internet der Dinge und Smart Homes

Gerade im privaten Bereich schreitet das sog. „Internet der Dinge" (engl. „IoT – Internet of Things") voran, welches die Vernetzung aller möglichen Produkte verspricht, um so mehr Lebensqualität zu schaffen. Grundlage für diese Technologie sind Mikroprozessoren und Sensoren, die mittlerweile derart kostengünstig produziert werden können, um sie in beinahe jedes „Ding" von Briefkasten und Kaffeemaschine über Kühlschrank und Türschloss bis hin zu Mülltonne und Lebensmittelverpackung zu integrieren. Bis 2020 wird mit einer Vernetzung von etwa 100 Milliarden Gegenständen durch das Internet gerechnet (vgl. Andelfinger & Hänisch, 2015, S. 9).

Auch den öffentlichen (Stadt-)Raum kann das IoT verändern. In einem vom Fraunhofer-Institut für offene Kommunikationssysteme veröffentlichten Whitepaper sind Anwendungsfelder für verschiedenste öffentliche Bereiche, wie beispielsweise dem Verkehr, der Energiewirtschaft, der Umwelt oder dem Gesundheitswesen beschrieben. Beispiele sind das Monitoring der Straßen- und Parkplatzbelegung, das Installieren von „Smart Meters" zur Steuerung des Stromverbrauchs oder die Messung von Emissionen sämtlicher Art (vgl. Fraunhofer-Institut für offene Kommunikationssysteme FOKUS, 2016, S. 10 ff.). Diese Ansätze zielen überwiegend auf eine effizientere Abwicklung der innerstädtischen Prozesse ab und haben das Potential, die Lebensqualität in Summe deutlich zu verbessern.

Konkrete Lösungen für eine „Smart City" erarbeitet auch das Fraunhofer Institut für Arbeitswirtschaft und Organisation in seiner „Morgenstadt-Initiative". Der „Connected Public Space" kann in Zukunft aus „Smart Lighting Systemen", „Smarten öffentlichen Möbeln" und anderen Sensoriken (bspw. zur Abfallentsorgung) bestehen und durch „Augmented Reality" erweitert werden (vgl. Fanderl). So kann „intelligente" Straßenbeleuchtung nachts automatisiert Passanten registrieren und die Helligkeit je nach Situation dimmen, um Energie zu sparen. Auch öffentliche Möbel wie Parkbänke oder Bus- und Straßenbahnhaltestellen könnten in Zukunft mit Ladestationen oder WiFi-Hotspots ausgestattet werden. Sogenannte „City-Trees" könnten in Zukunft die Luft in Innenstädten gleichzeitig durch Sensorik überwachen, durch Moose reinigen und per WiFi-Hotspot für eine Internetversorgung der Bürger/innen sorgen (vgl. Experteninterview Fraunhofer IAO, 2018).

Abbildung 3: CityTree, Foto von greencity solutions
https://greencitysolutions.de/losungen/, Abruf am 24.03.2018

Das grundlegende Infrastrukturnetz in Form des 5G-Netzes ist aufgrund seiner Beschaffenheit auch raumbedeutsam. Da die Reichweite der Sender und Empfänger deutlich geringer im Vergleich zu existierenden Netzen ist, muss eine größere Anzahl aufgestellt werden. Diese sind allerdings deutlich kompakter als die bisher existierende Infrastruktur. Im Stadtbild störende Antennen und Sendemasten können so nach und nach ästhetisch besser integrierbaren 5G-Sendemasten weichen (vgl. Experteninterview Stadtentwicklung Darmstadt, 2018).

4.3.4 Digitale Plattformen und Airbnb

Ein wichtiges Merkmal der Digitalisierung ist die mit ihr verbundene Herausbildung von digitalen Plattformen, die verschiedenste Akteure verknüpfen und somit eine schnellere und effizientere Abwicklung von Prozessen aller Art ermöglichen. Das Bundesministerium für Wirtschaft und Energie sieht in digitalen Plattformen „Treiber der Digitalisierung" und bewertet sie als „Hauptwachstumsträger" (Bundesministerium für Wirtschaft und Energie, 2017, S. 21).

Einige dieser digitalen Plattformen sind in besonderem Maße raumbedeutsam: Während soziale Netzwerke wie Facebook oder Suchmaschinen wie Google zunächst kaum Auswirkungen auf die räumliche Entwicklung haben, beeinflusst Amazon als Onlinehändler bestehende Strukturen deutlich (s. Kapitel 4.1.5). Airbnb hat als digitale Plattform bei weltweiter Betrachtung den Tourismusmarkt stark verändert und kann für eine Verknappung der innerstädtischen Wohnräume sorgen (vgl. Schneider, 2017). Das Geschäftsmodell von Airbnb (kurz für AirBed and Breakfast – Luftmatratze und Frühstück) ist die Unterkunftsvermittlung zwischen Stadtbewohnern und Stadtbesuchern. Häufig geschieht dies in den Privatwohnungen der Stadtbewohner, die – ganz im Sinne der „Sharing Economy" – zwischen Bewohner und Besucher geteilt wird.

In Deutschland sind hiervon hauptsächlich Städte mit hoher Attraktivität und einem großen Tourismussektor betroffen. So finden sich in Berlin beispielsweise auf Airbnb nach eigener Angabe über 22.000 Unterkünfte, danach folgen ca. 9.000 Unterkünfte in München und etwa 7.000 in Hamburg (vgl. Website Airbnb). Gerade in Berlin wurde Airbnb durch seine Auswirkung auf den Wohnungsmarkt und die Touristik sehr kontrovers diskutiert. Die Berliner Regierung erließ in diesem Zuge bereits Gesetze gegen die private Nutzung der Plattform (vgl. Krex, 2016). Eine wissenschaftliche Untersuchung des Wohnungsmarktes in Berlin ergab allerdings die Einschätzung, dass in ganz Berlin etwa 6.000 Wohnungen dauerhaft durch Airbnb für den normalen Wohnungsmarkt zweckentfremdet sind, was in etwa dem jährlichen Wohnungszuwachs in Berlin entspricht (vgl. Kagermeier, Köller, & Stors, 2015, S. 23). Es kann somit festgehalten werden, dass die Auswirkungen von digitalen Plattformen wie Airbnb auf bestehende Siedlungsstrukturen im deutschen Markt bislang eine sehr untergeordnete Rolle spielen. In Städten mit hoher Attraktivität und großem Tourismussektor wie Berlin sind sie nachweislich in einem kleinen Rahmen vorhanden; in nicht-tourismusgeprägten Städten wie Darmstadt sind sie vernachlässigbar gering.

4.4 Raumplanung und Raumordnung

Auch in Raumplanung und -ordnung sind Auswirkungen der Digitalisierung zu spüren. Diese sind analog zur Definition der Digitalisierung sowohl im makro- wie im mikroskopischen zu finden. So reichen die Auswirkungen von der Einführung neuer Software zur Planung und der damit einhergehenden Standardisierung der Datenformate (vgl. Ministerkonferenz für Raumordnung, 2017) bis hin zu der Einführung neuer digitaler Instrumente der Bürgerbeteiligung (vgl. Schulze-Wolf & Habekost, 2008). In diesem Unterkapitel soll darauf eingegangen werden, inwiefern die Digitalisierung die Raumplanung auf ihren verschiedenen Ebenen beeinflusst.

4.4.1 Bundesraumordnung

Die Bundesraumordnung ist für die übergeordneten Leitbilder und die Gesetzgebung zuständig und erstellt selbst mit Ausnahme der ausschließlichen Wirtschaftszone in Nord- und Ostsee keine eigenen Pläne. In den 2016 von der

Ministerkonferenz der Raumordnung verabschiedeten Leitbildern und Handlungsstrategien für die Raumentwicklung in Deutschland ist im Hinblick auf die Digitalisierung noch kein Aspekt vorhanden (vgl. 41. Ministerkonferenz für Raumordnung,
2016).

Die Bundesraumordnung fördert den Breitbandausbau in wirtschaftlich weniger
rentablen ländlichen Regionen über das Modellvorhaben „MOROdigital". Dieses
Projekt versucht herauszufinden, wie ein Breitbandausbau in Eigenregie am besten
funktionieren kann, wenn der Markt in Regionen zu geringer Nachfrage versagt
(vgl. Maretzke, 2017). Grund für dieses Modellvorhaben ist die Feststellung, dass
die Versorgung mit schnellem Internet mittlerweile zu einem Grundbedürfnis geworden ist. Der Bund muss daher im Rahmen der Daseinsvorsorge und der Ge-
währleistung der gleichwertigen Lebensverhältnisse aktiv werden (vgl. Zarth &
Bundesinstitut für Bau- Stadt- und Raumforschung, 2017, S. 120). Ziel ist es mo-
mentan auch, die Versorgung ländlicher Räume in den Bereichen Bildung, Gesundheit, Pflege oder Verwaltung durch den Einsatz von digitalen Technologien zu verbessern (Ebd. S. 122).

Des Weiteren erforscht das Bundesinstitut für Bau,- Stadt- und Raumforschung im
Cluster „Smart Cities" einige Entwicklungen im Hinblick auf die Digitalisierung, beispielsweise den Online-Handel, digitale Bürgerbeteiligung oder „digitaler Inklu-
sion" (vgl. Bundesinstitut für Bau- Stadt- und Raumforschung, 2015).

4.4.2 Raumordnung des Landes Hessen

Zusätzlich zur Erstellung von Landesentwicklungsplänen hat das Land Hessen eine
„Strategie Digitales Hessen" verabschiedet, welche Aussagen zu der Digitalisierung
diverser Lebens- und Wirtschaftsbereiche tätigt. Es wird angestrebt, bis Ende des
Jahres 2018 eine flächendeckende Breitbandversorgung einer Bandbreite von ≥ 50
Mbit/s in ganz Hessen zu erreichen; bis 2020 sollen 60% der Haushalte mit 400
Mbit/s versorgt sein (vgl. Hessisches Ministerium für Wirtschaft Energie Verkehr
und Landesentwicklung, 2016, S. 36).

In seinem eigenen Zuständigkeitsbereich will das Land Hessen die Digitalisierung
der Bildung und der Verwaltung fördern und mittels Wissenschafts- und Techno-
logieförderung bereits erworbene Kompetenzen ausbauen (Ebd. S.26ff.). Für den
Bereich der „Digitalen Städte und Regionen" soll der Ausbau intelligenter Strom-
netze, neuer Mobilitätskonzepte und der Einsatz von Augmented Reality forciert
werden (vgl. Website digitales.hessen). Insbesondere letzteres kann in Zukunft
auch mit Bürgerbeteiligung verbunden werden, um städtebauliche Planungen an

den tatsächlichen Orten mit der Realität verschmelzen zu lassen und einen besseren Eindruck zu ermöglichen.

4.4.3 Smart City Charta

Als Leitfaden für eine zukünftige, der Nachhaltigkeit verpflichtete Raumentwicklung erarbeitete die aus Vertretern von Politik, Wirtschaft, Sozialverbänden und der Zivilgesellschaft bestehende Dialogplattform Smart Cities eine „Smart City Charta". Sie ist als Ergänzung der Leipzig Charta, der Urban Agenda der EU und der New Urban Agenda der Vereinten Nationen zu sehen (vgl. Bundesministerium für Umwelt Naturschutz Bau und Reaktorsicherheit & Bundesinstitut für Bau- Stadt- und Raumforschung, 2017, S. 9). Die Smart City Charta definiert vier Leitlinien, nach denen die Entwicklung hin zu einer Smart City erfolgen sollte (Ebd.):

- Digitale Transformation braucht Ziele, Strategien und Strukturen

- Digitale Transformation braucht Transparenz, Teilhabe und Mitgestaltung

- Digitale Transformation braucht Infrastrukturen, Daten und Dienstleistungen

- Digitale Transformation braucht Ressourcen, Kompetenzen und Kooperationen

Ein zentraler Punkt der Smart City Charta ist, dass die Digitalisierung kein Selbstzweck ist, sondern ein weiteres Mittel zur Erreichung einer nachhaltigen Stadtentwicklung – sei es durch Effizienzsteigerung, mehr Teilhabe oder gesteigerte Wertschöpfung (Ebd. S. 11f.). Die Gestaltung der Smart City sollte ferner abhängig von der jeweiligen Stadt und derer individueller Bedürfnisse sein. Ein weiterer Fokus sollte auf der Datensicherheit und dem Vorhandensein von technischen wie analogen Redundanzen liegen, um im Notfall alle Versorgungssysteme aufrecht erhalten zu können (Ebd. S. 13). Der Smart City Charta sind einige Anwendungsbeispiele von Städten wie Hamburg, Amsterdam, Wien oder Kopenhagen beigelegt, die Inspirationen für andere Städte sein können.

Die Smart City Charta ist als eine Hilfe zur Entwicklung von Smart City Strategien zu bewerten. Sie dient nicht als Beschreibung der digitalen Stadt der Zukunft, sondern stellt fest, dass es auf diesem Gebiet noch deutlichen Forschungsbedarf gibt: „die räumlichen [...] Auswirkungen der Digitalisierung und Vernetzung [...] sind empirisch bisher kaum untersucht. Das gilt es zu ändern" (Ebd. S.17).

5 Praxisbeispiel Wissenschaftsstadt Darmstadt

Darmstadt ist eine im südlichen Teil von Hessen gelegene Großstadt mit ca. 160.000 Einwohnern. Sie ist als Wissenschaftsstadt Heimatort vieler international renommierter Bildungseinrichtungen und Institute (Technische Universität Darmstadt, Hochschule Darmstadt, Evangelische Hochschule, drei Fraunhofer-Institute, GSI Helmholtz-Zentrum für Schwerionenforschung, Internationales Teilchenbeschleunigerzentrum FAIR, Zentrum für digitale Sicherheit CRISP, etc.) und bedeutender Firmenzentralen großer Industrie-, Dienstleistungs- und Handelsunternehmen wie beispielsweise Merck, T-Online oder der Supermarktkette Alnatura. Innerhalb Europas ist Darmstadt durch die Nähe zum Flughafen Frankfurt und weiteren Drehkreuzen des Personen- und Güterverkehrs international wie global sehr gut angebunden. Als weiterer Standortvorteil erweist sich im Rahmen der Digitalisierung die räumliche Nähe zum weltweit größten Internetknotenpunkt DE-CIX in Frankfurt.

Im Folgenden Teil dieser Arbeit sollen die aufgeführten Auswirkungen der Digitalisierung am Beispiel der Wissenschaftsstadt Darmstadt überprüft und untersucht werden. Hierbei wird sowohl auf allgemein verfügbare Daten zurückgegriffen wie auch auf geführte Experteninterviews. Zunächst wird der Stand der Digitalisierung in Darmstadt erörtert, dann werden die bereits gesammelten Erkenntnisse auf Darmstadt übertragen und in einer zeitlichen Reihenfolge bisherige Auswirkungen sowie aktuelle und zukünftige Entwicklungen analysiert. Diese „Neuordnung" in einer zeitlichen Dimension ergänzt die zuvor erfolgte Betrachtung nach thematischen Bereichen und dient einem besseren Überblick über stattfindende Entwicklungen. Hinzu kommt, dass die Leitfrage nach absehbaren zukünftigen Entwicklungen in dieser Form anschaulich beantwortet werden kann.

5.1 Stand der Digitalisierung in der Wissenschaftsstadt Darmstadt

Wie bereits in Kapitel 3.1.1 Stand der Digitalisierung in der Bundesrepublik Deutschland erörtert, ist ein Stand der Digitalisierung schwer abzugrenzen. Aus Seiten der zugrundeliegenden Infrastruktur ist die Stadt Darmstadt mit einem Versorgungsgrad von 95%-100% Breitbandverfügbarkeit $\geq$ 50 Mbit/s im bundesweiten Durchschnitt auf den vorderen Plätzen (vgl. Website Bundesministerium für Verkehr und Digitale Infrastruktur). Die für größere Datenmengen notwendige Glasfasertechnologie ist in Darmstadt abseits der Universität kaum verfügbar, wird aber beispielsweise von der Telekom an einigen Stellen forciert (vgl. Website Deutsche Telekom).

Da die künftige Stadtentwicklung wie bereits beschrieben unter dem Stichwort „Smart City" erfolgen soll, werden in der Wissenschaft und Wirtschaft zur Zeit Indikatoren zur Beurteilung einer „Smart City" entwickelt. Zu nennen sind hier die Smart City Profiles in Österreich (vgl. Thielen, Hemis, Storch, & Lutz, 2013) oder der weltweite Smart City Strategy Index der Unternehmensberatung Roland Berger (vgl. Roland Berger GmbH, 2017). In beiden Rankings ist Darmstadt nicht vertreten.

Die bereits zitierte Morgenstadt-Initiative mehrerer Fraunhofer-Institute vergleicht mithilfe des Morgenstadt City Index die Zukunftsfähigkeit deutscher Schwarmstädte, zu denen auch Darmstadt zu zählen ist (vgl. Radecki, Pfau-Weller, Domzalski, & Vollmar, 2016). Darmstadt wird hier auf Platz 10 von 30 eingestuft und ist hiermit gerade noch im vorderen Drittel der deutschen Schwarmstädte (ebd. S.89). Bei diesem auf 28 Indikatoren gestützten Ranking wird aus dem Themenbereich der Digitalisierung allerdings nur das Vorhandensein einer Smart-City-Strategie mit in den Index einbezogen, was den Index für den Stand der Digitalisierung nur mäßig aussagekräftig macht, wohl aber für eine allgemein nachhaltig ausgerichtete Stadtentwicklung. Eine Einordnung des Stands der Digitalisierung im Vergleich zu anderen Städten ist aufgrund fehlender Benchmarks und Studien, in denen Darmstadt mit berücksichtigt wird, schwer möglich.

Hervorzuheben ist, dass die Stadt Darmstadt mit der „Darmstadt App" bereits eine digitale Plattform geschaffen hat, die die Einwohner auf ihren Smartphones und Tablets installieren können. Sie bietet Informationen rund um Einkaufen, Veranstaltungen, Gastronomie oder allgemeine Neuigkeiten zur Stadt.

Des Weiteren hat die Stadt ein öffentlich zugängliches WiFi-Netz eingerichtet, welches in den Bereichen Luisenplatz, Marktplatz, Schloss und Karolinenplatz sowie der innerstädtischen Fußgängerzone erreichbar ist. Das WiFi-Netz ist mit der Darmstadt-App verknüpft und wird monatlich über 60.000 mal genutzt. Die Zahl der Nutzer lag 2017 bei ca. 22.000 Einwohnern bzw. Touristen (vgl. Website Wissenschaftsstadt Darmstadt A).

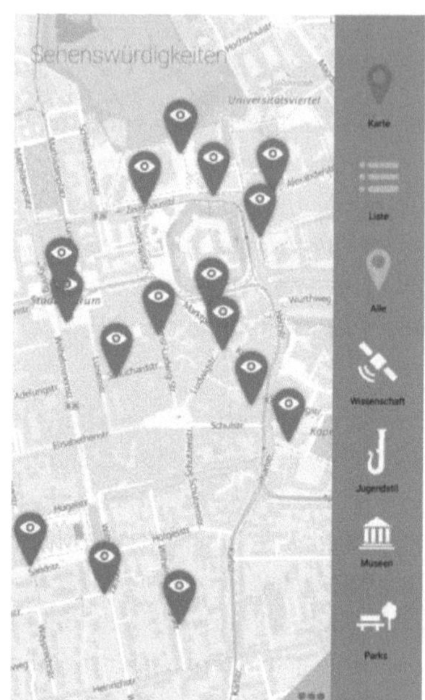

Abbildung 4: Darmstadt-App
Quelle: Eigene Screenshots

Den Zeitpunkt, im Jahr 2018 mit einem digitalen Stadtumbau anzufangen, bewerten die befragten Experten als geeignet. Die nötige technische Reife sei erreicht und es gelte nun auszutesten, welche digitalen Lösungen in Zukunft sinnvoll flächendeckend verwendet werden können und sollen.

5.2 Bisherige Auswirkungen

Im Folgenden sollen die durch Experteninterviews und Veröffentlichungen der Stadt Darmstadt bestimmten bisherigen Auswirkungen der Digitalisierung auf die räumliche Entwicklung in Darmstadt analysiert werden.

5.2.1 Stadtwirtschaft

Wie in Kapitel 4.1.1 beschrieben, geht die überwiegende Zahl der Prognosen davon aus, dass durch die Digitalisierung Arbeitsplätze zu einem gewissen Grad substituiert werden und sich der Arbeitsmarkt wandelt. Ein Blick auf die Wirtschaftsstatistik der Stadt Darmstadt zeigt, dass die Anzahl der sozialversicherungspflichtigen Beschäftigten mit Darmstadt als Arbeitsort über die letzten Jahre nahezu konstant blieben bzw. im direkten Vergleich von 2013 und 2015 um ca. 0,8% auf ca. 95.600

gestiegen sind (vgl. Wissenschaftsstadt Darmstadt & Amt für Wirtschaft und Stadtentwicklung, 2017, Kap. 4.8). Auch die Zahl der geringfügig Beschäftigten stieg in diesem Zeitraum um ca. 200 an (Ebd. Kap. 4.11); die Arbeitslosenquote sank von 7,4% auf 6,4% (Ebd. Kap. 4.24). Der Arbeitsmarkt in Darmstadt ist folglich nach Jahren positiver Entwicklung gut aufgestellt. Die genauere Betrachtung der Arbeitssektoren zeigt in keinem Gewerbe einen Rückgang der Beschäftigtenzahlen. Vielmehr nahm die Anzahl der Beschäftigten im Sektor der Informations- und Kommunikationsindustrie sogar leicht zu (Ebd. Kap. 4.8).

Es ist folglich kein Rückgang der Arbeitsstellen in Darmstadt festzustellen. Dies ist jedoch nicht mit nicht vorhandenen Auswirkungen der Digitalisierung gleichzusetzen. Möglich wäre, dass andere Effekte wie die allgemeine Wirtschaftslage oder die Entstehung von interaktiven und analytischen Berufen mögliche negative Beschäftigungswirkungen der Digitalisierung überkompensieren und dem Arbeitsmarkt zu allgemeinem Wachstum verhelfen. Um exaktere Angaben hierüber treffen zu können, ist allerdings eine tiefergehende Analyse des Darmstädter Arbeitsmarktes erforderlich.

Im Hinblick auf räumliche Entwicklungen ist festzustellen, dass in Darmstadt in der Vergangenheit neue Gewerbegebiete erschlossen wurden. Diese befinden sich auf den Arealen der ehemaligen Kelley-Barracks und des Nathan-Hale-Depots. Für den Bereich der Kelley-Barracks Südwest ist der Bebauungsplan bereits rechtskräftig beschlossen worden, für die restlichen Bereiche ist das Bauleitplanverfahren noch im Gange (vgl. Website Wissenschaftsstadt Darmstadt C). Diese Entwicklungen können ebenfalls nicht auf die Digitalisierung zurückgeführt werden; vielmehr zeigen sie eine Nachfrage nach neuen Flächen für nicht vollständig automatisiertes Gewerbe.

Es kann somit mit großer Wahrscheinlichkeit festgehalten werden, dass die Digitalisierung noch keine negativen Auswirkungen auf den Arbeitsmarkt in Darmstadt mit sich brachte; zumindest nicht in dem Maße als dass sie für einen Rückgang der Arbeitsstellen gesorgt hätte oder bemerkenswerte räumliche Auswirkungen wie vermehrte Flächenleerstände bewirkte.

5.2.2 Onlinehandel

Die bislang größte in Darmstadt zu beobachtende Auswirkung der Digitalisierung sieht der/die Vertreter*in des Amtes für Wirtschaft und Stadtentwicklung Darmstadt im Zusammenhang mit dem Onlinehandel. Dieser führt zu einem erhöhten Lieferaufkommen und damit zu Flächeninanspruchnahme durch Lieferwagen,

Verstopfung der Wohngebiete durch erhöhtes Verkehrsaufkommen und resultierender Umweltschädigung. Auch stellt der Onlinehandel den stationären Einzelhandel gerade in Nebenlagen vor Probleme, die in Darmstadt allerdings im Vergleich zu anderen Städten geringer ausfallen. Grund hierfür ist die Darmstädter Einzelhandelspolitik, die in der Vergangenheit auf eine wohnstandortnahe Versorgung abzielte und eine Ausuferung des Einzelhandels in Gewerbegebieten eindämmte. Zudem ist die Innenstadt mit einer Verkaufsfläche von ca. 120.000m² im Vergleich zu anderen Großstädten zwischen 100.000 und 200.000 Einwohnern sehr kompakt. Der Cityring verhindert zusätzlich ein Ausufern von B-Lagen. All dies hält die Auswirkungen des Onlinehandels auf den städtischen stationären Einzelhandel in Grenzen (vgl. Experteninterview Stadtentwicklung Darmstadt, 2018).

Es sind auch positiv zu bewertende Auswirkungen des Onlinehandels in Darmstadt festzustellen. Bislang war der Textileinzelhandel Preistreiber für die Mieten in Innenstädten, diese Situation hat sich durch die Konkurrenz im Internet allerdings geändert. Die Durchschnittsmieten und -Laufzeiten der Mietverträge in der Darmstädter Innenstadt sind in den letzten Jahren in Folge des Onlinehandels gesunken. Für kleinere Ladenflächen bis 100 m² wurden vor ca. 10 Jahren noch 100 €/m² Miete gezahlt, heute liegt dieser Wert bei ca. 65 €/m². Auch sanken durchschnittliche Mietzeiten von 15-20 Jahren auf etwa fünf Jahre (vgl. Experteninterview Stadtentwicklung Darmstadt, 2018). Das frühere Mietniveau wurde im Experteninterview als „Innovationstöter interessanter lokaler Geschäftsideen" bezeichnet, während der heutige Mietpreis und die Vertragsdauer die Existenz neuartiger Einzelhandelsgeschäfte fördern. Der Onlinehandel führt somit in Darmstadt auch zu einem diverseren und flexibleren Einzelhandelsmarkt, wovon die Bürger/innen direkt profitieren. Ein Beispiel hierfür ist die Schulstraße in der Darmstädter Innenstadt, in der sich viele lokale Einzelhandelsunternehmen in bester Innenstadtlage aneinanderreihen.

5.2.3 Stadtentwicklung und -planung

Die Digitalisierung hat auch direkte Auswirkungen auf die Stadtentwicklung der Stadt Darmstadt. Die Herausforderung für die Stadtentwicklung besteht darin, in Zeiten immer schnellerer technologischer Entwicklung „für das zu planen, was wir noch nicht wissen" (Experteninterview Stadtentwicklung Darmstadt, 2018). Ein Beispiel hierfür seien Neubauten, die in einem relativ kurzen Zeithorizont entweder technisch komplett überholt oder übertechnisiert sein könnten. Die Antwort auf diese Unsicherheiten liegt von Seiten der Stadt Darmstadt in einer robusten, resilenten Stadtentwicklung, um Darmstadt auf möglichst viele Entwicklungen vorzubereiten. Hierzu zähle auch herauszufinden, welche digitalen Technologien tatsächlich von Nutzen sind und welche zwar als Möglichkeit faszinieren, im Kern aber Spielerei bleiben.

Als Beispiel für eine solche Stadtentwicklung kann die Konversion der ehemaligen Cambrai-Fritsch-Kaserne / Jefferson-Siedlung genannt werden. Der am 15. Dezember 2017 gekürte Siegerentwurf enthält Räume, die speziell für zukünftige Mobilitätsformen zugeschnitten sind. Eine Maßnahme hierfür ist der Verzicht auf Tiefgaragen, um Parkhäuser im Falle einer zukünftigen „Shared Mobility" einfach zurückbauen zu können und durch Wohn- oder Freiraum zu ersetzen. Des Weiteren erschließt ein zentraler (Mobilitäts-)Knotenpunkt das Quartier und bietet dort Umsteigemöglichkeiten zu Straßenbahn oder Car- und Bikesharingangeboten sowie den Zugang zu einer Quartiersverwaltung (vgl. Albert Speer + Partner GmbH, 2017). Es können somit direkte Auswirkungen der Digitalisierung auf die Entwicklung neuer Stadtbezirke festgestellt werden.

Die Bereitstellung moderner digitaler Infrastruktur in Form von Breitband und das Verlegen von Leerrohren für künftige Entwicklungen ist für die Stadtentwicklung bereits Standard. Neu sind Sensoriken, die in Darmstadt in Zukunft das Stadtbild mitprägen werden und zusätzliche Lebensqualität für die Einwohner Darmstadts schaffen sollen (vgl. Experteninterview Stadtentwicklung Darmstadt, 2018).

5.3 Aktuelle Entwicklungen - Die Digitalstadt Darmstadt

Darmstadt gewann 2017 den Wettbewerb „Digitale Stadt" des IT-Branchenverbandes Bitkom und des Deutschen Städte- und Gemeindebundes und erhält seitdem finanziellen Mittel sowie diverse Produkte zahlreicher Digitalkonzerne, um in den nächsten Jahren zu einer digitalen Stadt ausgebaut zu werden. Der Wettbewerb soll dazu führen, dass innerhalb Deutschlands eine Modellstadt von internationalem Rang entsteht, die in puncto Effizienz, Nachhaltigkeit und Vernetzung eine Vorreiterrolle in Europa übernimmt (vgl. Website bitkom).

Für die Umsetzung dieser Projekte wurde am 9.11.2017 die bislang bestehende „WDB Wissenschaftsstadt Darmstadt Verwaltungs GmbH" in die „Digitalstadt Darmstadt GmbH" umbenannt und mit einem erhöhten Stammkapital von 225.000 € ausgestattet. Der Zweck der Gesellschaft besteht in der „Durchführung der Digitalisierung der Wissenschaftsstadt Darmstadt" (Amtsgericht Darmstadt, 2017). Sie soll als Teil des städtischen Unternehmensverbundes die für die Umsetzung der einzelnen Projekte notwendigen Strukturen schaffen und verschiedene Akteure koordinieren.

5.3.1 Digitale Mobilität in Darmstadt

Einige der Projekte der Digitalstadt Darmstadt zielen auf die Veränderung der Mobilität ab. Durch die Vernetzung des öffentlichen Personennahverkehrs mit dem Individualverkehr und der Verkehrsinfrastruktur soll der Weg für einen künftigen Mischverkehr aus autonomen und nicht-autonomen Fahrzeugen bereitet werden (vgl. Website Digitalstadt Darmstadt A). Im ganzen Stadtgebiet sollen Mobilitätsstationen entstehen, die als Schnittstellen für einen künftigen intermodalen Verkehr dienen. Die HEAGmobilo hat hierfür bereits erste Konzepte erstellt und plant, einige Stationen zu solchen Knotenpunkten auszubauen (vgl. Experteninterview HEAGmobilo, 2018). Hierfür wurden zunächst Stationen auf einer Nord-Süd-Achse ausgewählt, die sich am Dreieichweg Arheilgen, dem Nordbahnhof, der Landskronstraße/ Ecke Heidelberger Straße und der Wartehalle Eberstadt befinden sollen. Hinzu kommt eine Station am Ostbahnhof. Alle Mobilitätsstationen sollen den Umstieg in mindestens zwei weitere Mobilitätsformen ermöglichen, beispielsweise zum Carsharing oder dem Call-a-Bike-Dienst. Des Weiteren sollen diese Stationen zum Teil über Ladeinfrastruktur für E-Mobilität, Park & Ride Parkplätze und Fahrradständer verfügen (Ebd.). Ein großes Problem für die Konzeption solcher Knotenpunkte ist die Fläche, die hierfür benötigt wird und an vielen Stellen in innerstädtischer Lage nicht vorhanden ist (Ebd.).

In diesem Zuge soll auch die HEAGmobilo-App für den multi- und intermodalen Verkehr erweitert werden. Geplant ist die Anzeige und der Verweis zu anderen Mobilitätsangeboten bis Anfang des zweiten Quartals 2018, bis Ende 2018 soll ein einheitliches Bezahlsystem für alle Arten der Mobilität folgen. Integriert werden das Car-Sharing System von book-and-drive und das Bikesharing-Angebot Call-a-Bike sowie Taxistände. 2019 könnte die App bereits intelligente Routen basierend auf diesen Mobilitätsformen vorschlagen (Ebd.).

Geplant ist auch der Einsatz einer teilautonom fahrenden Straßenbahn sowie vollautonomer Minibusse im öffentlichen Personennahverkehr. Hierbei handelt es sich um Pilotprojekte, die zunächst in der Lincoln-Siedlung für acht Wochen (vollautonomer Minibus) und im Rahmen einer Machbarkeitsstudie (teilautonom fahrende Straßenbahn) ausprobiert werden sollen (Ebd.).

Bereits realisiert sind mit WLAN ausgestattete Busse (insbesondere der AirLiner zum Frankfurter Flughafen) und ein Infotainment-System des ÖPNV, welches neben den kommenden Stationen auch regionale Nachrichten anzeigt. Das WLAN-Netz soll in Zukunft auf alle Busse und Straßenbahnen der HEAGmobilo erweitert werden. In mehreren Straßenbahnen und Bussen der HEAGmobilo befinden sich bereits Sensoren zur automatischen Fahrgastzählung; zudem ermöglichen USB-Ports in Bussen das schnelle Laden mobiler Endgeräte (Ebd.). An Lichtverkehrsanlagen der Stadt Darmstadt existieren Sensoren, welche das Verkehrsaufkommen messen. Deren Daten werden über ein OpenData Portal (https://darmstadt.ui-traffic.de/) interessierten Bürger/innen zur Verfügung gestelllt. Sie werden zudem genutzt, um über eine App Autofahrer/innen die Grünphasen der nächsten Ampel anzuzeigen und sie darüber zu informieren, mit welcher Geschwindigkeit eine grüne Welle möglich ist (vgl. Website urban institute).

Eine weiter Maßnahme zur Reduktion des bestehenden Verkehrs ist das „Smart Parking"-Projekt, welches Nutzern in Echtzeit freie Parkplätze in der Stadt anzeigt. Diese werden zunächst über Sensoren registriert, die dann die Verfügbarkeit des Parkplatzes an ein zentrales Rechenzentrum melden. Dieses vermittelt die Information weiter an die Parkplatzsuchenden, die den Parkplatz auch direkt über die Smart-Parking-App bezahlen können (vgl. Website Wissenschaftsstadt Darmstadt B). Unnötige Wege zum Suchen eines Parkplatzes können so vermieden werden.

5.3.2 Digitaler Handel in Darmstadt

Für den Bereich des stationären Einzelhandels ist eine Erweiterung der Darmstadt-App geplant, in der bereits jetzt wichtige Informationen wie Lage, Öffnungszeiten oder Sortimente der ortsansässigen Unternehmen zu finden sind. In Zukunft sollen dort auch spezielle Angebote oder sonstige Aktionen durch Technologien wie der Augmented Reality beworben werden. Auch der Einsatz von sog. iBeacons soll erprobt werden (vgl. Website Digitalstadt Darmstadt B). Dabei handelt es sich um eine auf Bluetooth Low Energy basierende Technologie, die eine genaue Ortung von mobilen Endgeräten wie Smartphones oder Tablets innerhalb von Gebäuden ermöglicht (vgl. Website Apple). Hierdurch können Kunden personalisierte Angebote direkt auf ihr Smartphone gesendet werden, was die Kundenbindung erhöhen könnte und zusätzliche Umsätze verspricht.

Ein weiteres Projekt der Digitalstadt Darmstadt ist es, nach Bestellung bei einem ortsansässigen Händler die Ware am gleichen Tag an den Kunden zu liefern. Hierfür soll ein lokaler Lieferservice aufgebaut werden, der die Produkte der teilnehmenden Händler per elektrischem Lastenfahrrad zeitnah ausliefert. Ein Vorteil hierbei ist, dass eine solche Art der Auslieferung umweltschonender und flächensparender vonstatten geht als die Zustellung per Paketdienst und konventionellem Paketlaster. Je nach Akzeptanz der Einzelhändler und Kunden könnten so in naher Zukunft deutlich mehr Lastenfahrräder das städtische Straßenbild mitprägen. Ein Beginn dieses Angebots ist für das Jahr 2019 vorgesehen (vgl. Experteninterview Digitalstadt Darmstadt, 2018). Die Initiative „Heinerbike" besitzt zudem fünf Elektro-Lastenfahrräder, die über das Internet kostenlos entliehen werden können (vgl. Heinerbike, 2018).

5.3.3 Weitere aktuelle Projekte und Entwicklungen

Neben den ausführlich beschriebenen und im Experteninterview besprochenen Projekten existieren viele weite Projekte, die in diesem Unterkapitel kurz angeschnitten werden sollen. Die Tätigkeitsbereiche Bildung, Gesundheit, Verwaltung, Energie und Umwelt, Sicherheit, Gesellschaft und Datenplattform sind allesamt Teil des digitalen Umbaus der Wissenschaftsstadt Darmstadt. Sie haben allerdings zunächst keine erkennbaren räumlichen Auswirkungen, außer dass in einigen Fällen Wege zum Rathaus, zur Universität oder zum Arzt vermieden werden könnten.

Auch Smart Homes, insbesondere für ältere und hilfsbedürftige Menschen, werden zurzeit in Darmstadt erprobt und können in Zukunft realisiert und zur Normalität werden. Diese Art von Wohnungen ermöglichen durch spezielle digitale Warnsystem ein selbstbestimmtes Leben bis ins hohe Alter. So registriert beispielsweise der Fußboden Stürze der Bewohner/innen und setzt automatisch einen Notruf an Bekannte, Verwandte oder die Hausverwaltung ab (vgl. Website Fraunhofer-Institut für graphische Datenverarbeitung). Hierfür entwickelt das Fraunhofer Institut für Graphische Datenverarbeitung in Darmstadt Standards und Lösungen. Da diese Entwicklungen die Innenräume der Wohnungen betreffen wird von einer genaueren Betrachtung abgesehen. Generell sollen im Rahmen eines Projektes der Digitalstadt Sensoren in Mülltonnen die Abfall- und Entsorgungslogistik verbessern und so zu einer effizienteren Abwicklung führen (vgl. Website Digitalstadt Darmstadt C, 2018). Dies hat wiederum direkte Auswirkungen auf das städtische Verkehrsaufkommen.

Ein bereits funktionsfähiges Werkzeug in Form einer Plattform namens „DA ist was!" kann die Qualität des Stadtraums verbessern bzw. erhalten. Nach Installation der App oder Besuch der Website im Internet können verschiedenste Mängel gemeldet werden, die dann an die zuständige Stelle innerhalb der Stadtverwaltung weitergeleitet werden. Diese ordnet den jeweiligen Mangel ein und gibt – falls erwünscht – Rückmeldung über den Bearbeitungsstand. Auf einer digitalen

Stadtkarte werden gemeldete Mängel eingezeichnet und mit einer Farbskala rot – gelb – grün codiert, um den aktuellen Status des Mangels (offen – in Bearbeitung – behoben) sichtbar zu machen. Symbole machen die Art des Mangels erkennbar.

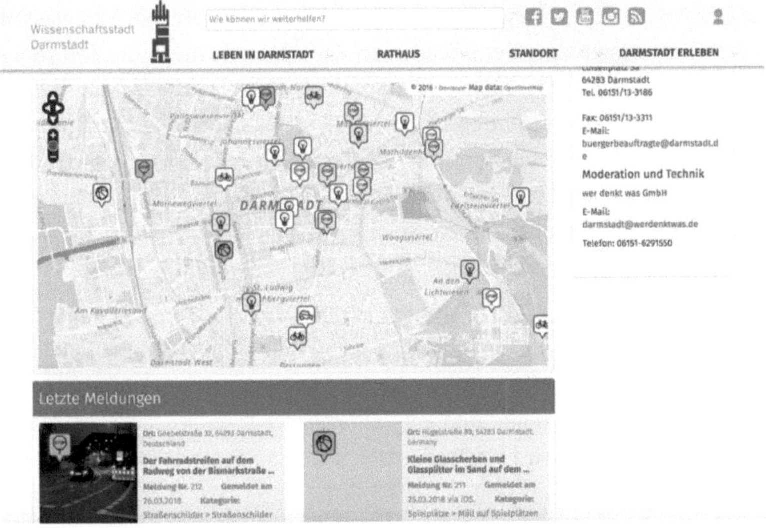

Abbildung 5: DA ist was! Mängelmelder-Plattform
Abrufbar unter https://da-bei.darmstadt.de/bms, Zugriff am 26.3.2018

5.4 Zukünftige Entwicklungen

Den Abschluss des Praxisteils bildet eine Analyse der möglichen zukünftigen Auswirkungen der Digitalisierung auf die Stadt Darmstadt. Die getroffenen Prognosen beruhen auf der Einschätzung von Experten und den Erkenntnissen des Autors dieser Arbeit.

5.4.1 Stadtbild und -struktur

Das allgemeine Stadtbild Darmstadts wird sich nach Einschätzung der Experten in einem Zeithorizont von 10-20 Jahren nicht grundsätzlich verändern (vgl. Experteninterview Stadtentwicklung Darmstadt, 2018). Im Experteninterview wird die Digitalisierung als Evolutionsprozess beschrieben, der mit anderen Fokusthemen wie dem der resilenten Stadt, der Klimawandelanpassung und dem Dauerthema der Wettbewerbsfähigkeit das Stadtbild graduell verändert (Ebd.). Eine „Revolution" bedeutet die Digitalisierung für die Stadtentwicklung in Darmstadt nicht.

Die größten Auswirkungen der Digitalisierung auf die zukünftige Stadtstruktur Darmstadts können mit hoher Wahrscheinlichkeit in der digitalen Mobilität liegen. Eine durch die Digitalisierung ermöglichte umweltfreundlichere und leisere Mobilität hat das Potential, Darmstadts Hauptverkehrsachsen urbane Lebensqualität zurückzugeben. Diese haben heute aufgrund der Umwelt- und Lärmbelastung eine Zerschneidungswirkung des öffentlichen Raums. Beide Arten der Belastung reduzieren sich durch E-Mobilität und autonomes Fahren drastisch. Eine Vision sei demnach, dass sich die „Stadt nach innen selbst neu entdecken kann", wenn Hauptverkehrsachsen wieder zu Bereichen des öffentlichen Lebens werden (Ebd.). Auch könnten andere, leisere Mobilitätsformen im Bereich der Luftfahrt die bestehende Siedlungsbeschränkungszone im Norden Darmstadts obsolet machen und der Stadt damit weitere Entwicklungsräume ermöglichen (Ebd.).

Wie bereits in Kapitel 4.2.2 diskutiert, hat das autonome Fahren zukünftig große Auswirkungen auf Stadtstrukturen; in Darmstadt aufgrund des Digitalstadt-Projekts möglicherweise bereits früher als in anderen deutschen Städten. Bislang sind in Darmstadt allerdings nur autonome Fahrten auf Teststrecken in der Planung; im öffentlichen Verkehr wird ein Testbetrieb in den nächsten Jahren mit hoher Wahrscheinlichkeit nicht stattfinden (vgl. Experteninterview Digitalstadt Darmstadt, 2018).

Im Konkreten können in Zukunft immer mehr vernetzte IoT-Gegenstände wie in Kapitel 4.3.3 aufgeführt das Stadtbild mitprägen. Dies hängt maßgeblich von den Entscheidungen der Stadtverwaltung ab, entsprechende Lösungen anzuschaffen und öffentliche Orte der Stadt damit auszustatten.

5.4.2 Fortführung der aktuellen Digitalstadt-Projekte

Bereits heute sind die Pilotprojekte der Digitalstadt auf Kontinuität und Verstetigung angelegt, indem sie direkt von den zuständigen Stellen durchgeführt werden. Die Digitalstadt Darmstadt GmbH übernimmt hierbei für den Wettbewerbszeitraum bis zum 31.12.2019 nur eine koordinierende Rolle (vgl. Experteninterview Digitalstadt Darmstadt, 2018). Eine Beteiligung des Landes Hessen mit einer finanziellen Förderung von 5 Mio. € bis zum 31.12.2020 sorgt weiterhin für ausreichend vorhandenes Kapital. Danach ist mit einer Fortführung der Projekte zu rechnen, deren Nutzen sich in der Testphase erwiesen hat (Ebd.). Da diese noch nicht abgeschlossen ist, kann keine genauere Aussage im Hinblick auf zukünftige Entwicklungen getroffen werden. Es liegt allerdings durchaus im Rahmen des Möglichen, dass zukünftig intelligente Straßenbeleuchtung den nächtlichen Nachhauseweg begleitet oder eine App das Parkplatzsuchen der Vergangenheit angehören lässt.

5.4.3 Weitere zukünftige Entwicklungen

Für die bereits beschriebenen zukünftigen Entwicklungen im Rahmen der Mobilität existieren bereits Szenarien und Ideen zur Ausgestaltung dieser. Diese wurden in der vorliegenden Arbeit und in den Experteninterviews ebenfalls thematisiert. Inwieweit sich in Darmstadt Coworking-Spaces und dezentrale 3D-Druck-Labore als Auswirkungen der Digitalisierung auf neue Arbeitsformen ausbreiten werden, kann hier nicht mit Sicherheit festgestellt werden. Es bedarf einer intensiveren Analyse des Marktes und der lokalen Faktoren, um hierfür belastbare Aussagen zu treffen. Auch wo und in welchem Maße neue Stadt-Schichten entstehen werden oder inwiefern sich die Stadtöffentlichkeit durch die Digitalisierung verändert, ist mittels der durchgeführten Experteninterviews und der Literaturrecherche nicht eindeutig absehbar. Gleiches gilt auch für das Aufkommen von Lieferdrohnen, deren Einzug in das öffentliche Leben erst mittelfristig vorhergesagt wird. Extrapoliert man die Entwicklungen im Zusammenhang mit der Telearbeit in die Zukunft, ist davon auszugehen, dass Wohnen und Arbeiten durch die Digitalisierung nicht weiter verschmelzen werden. Die räumliche Trennung von Wohn- und Arbeitsort wird wohl auch in Zukunft für den Großteil der arbeitenden Bevölkerung Bestand haben. Es ist nicht absehbar, dass eine zunehmende Anzahl an Freelancern und Digitalnomaden zu großen räumlichen Veränderungen führen wird. Auch festzuhalten bleibt allerdings, dass Vorhersagen zu zukünftigen räumlichen Auswirkungen der Digitalisierung in Darmstadt mit großen Unsicherheiten behaftet sind und sich durch die Digitalisierung auch neue, raumwirksame Geschäftsmodelle entwickeln können, die heute noch nicht vorstellbar sind.

6 Fazit und Handlungsempfehlungen

In diesem letzten Kapitel sollen die gesammelten Erkenntnisse zusammengetragen und resümiert werden. Zudem werden Handlungsempfehlungen erarbeitet. Abschließend wird der Bedarf weiterer Forschung in dem bearbeiteten Themengebiet erörtert.

6.1 Fazit

Die Digitalisierung ist ein Prozess mit Auswirkungen auf alle Bereiche des heutigen Lebens. Sie bringt Neues hervor und kann Altes ersetzen. Dies ist an den Umwälzungen zahlreicher Wirtschaftsbereiche und den prognostizierten Auswirkungen auf den Arbeitsmarkt zu erkennen. Sie ist aufgrund ihrer Prozesshaftigkeit schwer in einen zeitlichen Kontext einzuordnen. Es können zwar ein Beginn und wichtige Meilensteine definiert werden, ein „Ende" dieser Entwicklung ist dahingegen nicht vorhersehbar.

Die Digitalisierung hat in den verschiedensten Bereichen räumliche Auswirkungen, die teilweise als positiv, teilweise als negativ bewertet werden können. Beispielhaft genannt werden kann hierfür der Onlinehandel, welcher zum einen durch den Lieferverkehr zu verstopften Straßen, zum anderen in Darmstadt auch zu einer Senkung der innerstädtischen Ladenmieten und damit zu einer Diversifizierung der Unternehmensstrukturen führte. Des Weiteren lässt die Digitalisierung neue Arbeitsmodelle und -plätze entstehen, die in Zukunft das Stadtbild mitprägen werden. Beispiele hierfür sind CoWorking-Spaces oder 3D-Druck-Labs. Erste Unternehmen dieser Art haben sich bereits in Darmstadt angesiedelt. Auch gibt es durch die personalisierte Massenproduktion, die die Digitalisierung ermöglicht, bereits erste Rückverlagerungen von Fabriken in Hochlohnländer wie Deutschland. Inwiefern hierbei jedoch von einer „Re-Industrialisierung" gesprochen werden kann, ist noch nicht abzusehen.

Die neben dem Onlinehandel größten Auswirkungen werden von der Literatur und den befragten Experten in der Mobilität gesehen, welche mit der Entwicklung der E-Mobilität, des autonomen Fahrens und den Sharing-Modellen vor großen Umbrüchen steht. Diese haben das Potential, in Zukunft ganze Stadtstrukturen durch die Neubewertung von Lagerelationen und Mobilität zu verändern. Die im Rahmen dieser Entwicklung anvisierte Sharing Economy kann dazu führen, dass (inner-)städtischer Parkraum zu Teilen umgenutzt werden kann, da sich die Mobilität weg vom Individualverkehr entwickelt. Für den multi- und intermodalen Verkehr werden sich mit großer Wahrscheinlichkeit Mobilitätsknotenpunkte herausbilden.

Im Allgemeinen ist mit einer effizienteren Abwicklung der städtischen Prozesse zu rechnen, welche sich positiv auf den städtischen Verkehr und die allgemeine Lebensqualität auswirken könnte. Mögliche Rebound-Effekte werden in dieser Arbeit nicht berücksichtigt, können aber auftreten.

Die Wissenschaftsstadt Darmstadt hat sich durch den Gewinn des Wettbewerbs „Digitale Stadt" proaktiv dem digitalen Wandel zugewandt und wird ihr Stadtbild in den Jahren 2018 und 2019 aufgrund der Digitalisierung verändern. Die größten Veränderungen finden hierbei im Hintergrund in Form von Datenplattformen und Online-Anwendungen statt und haben wenige Auswirkungen auf den öffentlichen Raum. Mehrere Modellprojekte werden in verschiedenen Bereichen der Stadt ausprobiert werden. Die genauen Modellorte müssen mehrheitlich noch evaluiert werden. Eine flächendeckende Umsetzung von digitalen Lösungen findet nach einer erfolgreichen Testphase statt; es gilt zuerst den Nutzen der einzelnen Anwendungen herauszufinden und diesen den Kosten gegenüber zu stellen. Im Allgemeinen ist davon auszugehen, dass weder Darmstadt noch vergleichbare Großstädte ihr Erscheinungsbild aufgrund der Digitalisierung grundlegend verändern werden.

6.2 Handlungsempfehlungen

Ausgehend von den aufgezeigten räumlichen Auswirkungen der Digitalisierung sollen im Folgenden Handlungsempfehlungen gegeben werden, die auf eine gemeinwohlorientierte Gestaltung der Digitalisierung abzielen. Die Handlungsempfehlungen wurden anhand des Praxisbeispiels der Wissenschaftsstadt Darmstadt erarbeitet, sind aber im Allgemeinen auf deutsche Großstädte mit 100.000 bis 200.000 Einwohnern übertragbar bzw. direkt an die zuständigen politischen Entscheidungsträger gerichtet.

6.2.1 Allgemeine Handlungsempfehlungen

Bessere Koordination

Wie bei der Recherche zu dieser Arbeit festgestellt wurde, existieren unzählige Strategie- und Konzeptpapiere verschiedenster gesellschaftlicher Akteure. Es ist bereits Wissen in großem Umfang vorhanden und es werden Pilotprojekte in allen Teilen der Welt gestartet. Aufgrund der großen Anzahl der bereits existierenden Literatur erscheint es sinnvoll, zunächst eine Koordinationsstelle in der Stadtverwaltung einzurichten, die die Digitalisierung begleitet und sich mit deren Auswirkungen beschäftigt. Denkbar ist hier ein sog. „Chief Technology Officer", der sich federführend und mit einem gewissen Budget ausgestattet um Digitalisierungsangelegenheiten kümmert. Auch der Austausch zwischen Städten mit ähnlichen Rahmenbedingungen sollte angestrebt werden oder – falls bereits vorhanden – intensiviert werden.

Die Aufgaben der Digitalstadt Darmstadt GmbH decken sich größtenteils mit denen einer solchen Stelle. Hierbei gilt es allerdings zu fragen, ob die Organisationsform einer GmbH für den weiteren Verlauf nach Ende des Wettbewerbs geeignet ist. Sollte Darmstadt auch in Zukunft deutschlandweit eine Vorreiterrolle übernehmen wollen, könnte ein koordinierendes „Amt für Digitales" im Dezernat I der Stadtverwaltung zentraler Ansprechpartner in Digitalisierungsfragen werden.

Daten für die Stadtentwicklung und die Forschung nutzen

Das Internet der Dinge und vernetzte Sensoren generieren in Zukunft kontinuierlich Daten. Diese gilt es auch für die Stadtentwicklung zu nutzen, insbesondere für Maßnahmen im öffentlichen Raum. Mithilfe von Sensoren können bestimmte Orte in der Stadt identifiziert werden, die einer besonderen Aufmerksamkeit bedürfen. Beispiele hierfür sind Orte mit hoher Luftverschmutzung, mit hoher Lärmbelastung oder auch solche mit starker Frequentierung, um diese möglicherweise zu entlasten oder besonders gut funktionierende Orte zu identifizieren. Ein Beispiel hierfür sind die Smart Urban Services der Stadt Chemnitz (http://www.chemnitz.de/chemnitz/de/wirtschaft-wissenschaft/smart_urban_services/index.html).

Auch die Wirksamkeit verschiedener Maßnahmen, beispielsweise solchen zur Luftreinhaltung, kann genau gemessen und überprüft werden. Hinzu kommt eine effizientere Steuerung des Verkehrs durch intelligent vernetzte und flächendeckend verteilte Sensoren. Auch die Forschung kann von diesen Daten profitieren; es ergeben sich viele Anwendungsfelder in den unterschiedlichsten Forschungsbereichen, die dazu beitragen, die Stadt und ihre Prozesse besser zu verstehen.

Es wird daher empfohlen, Daten mit Einbeziehung von Datenschutzstandards öffentlich zugänglich zu machen (OpenData) und diese in Kooperation mit Experten und den Bürger/innen möglichst gewinnbringend zu nutzen. Hierfür bietet sich in Darmstadt der Rückgriff auf bereits existente OpenData-Portale wie das des urban Institutes (https://darmstadt.ui-traffic.de/faces/SensorData.xhtml) oder des Projektes da_sense (http://www.da-sense.de/) an.

Bildung fördern

Der Arbeitsmarkt verändert sich aufgrund der Digitalisierung schnell. Einige Tätigkeiten werden automatisiert, während andere hauptsächlich analytische und interaktive Tätigkeiten neue Berufe entstehen lassen werden. Hierfür sind mitunter höhere Qualifikationen und Weiterbildungen erforderlich. Um einer zunehmenden Ungleichheit zwischen niedrig qualifizierten Arbeiten und hochqualifizierten Tätigkeiten entgegenzuwirken, wird empfohlen, in Bildungs- und Betreuungsangebote zu investieren. Hier bietet die Digitalisierung durch die Entkopplung von Wissen und Raum auch große Potentiale. Eine Vergrößerung des lokalen Bildungsangebots bereitet eine Stadt damit direkt auf den zukünftigen, digitalen Arbeitsmarkt vor. In diesem Bereich hat Darmstadt aufgrund der Technischen Universität und anderen Hochschulen sowie wissenschaftlichen Einrichtungen bereits einen komparativen Vorteil. Die Stadt verfügt durch die genannten Bildungseinrichtungen über einen großen Pool an Absolventen, die an lokale Unternehmen vermittelt werden können. Es wird empfohlen, diesen Vorteil weiter auszubauen.

Auf die zukünftige Mobilität vorbereiten

Die Mobilität steht durch die Digitalisierung vor einem Umbruch, der zu einer vollkommenen Neubewertung von Lagerelationen führen kann. Mit den Folgen dieses Umbruchs sollte sich die Wissenschaft im Allgemeinen bzw. die Kommunalverwaltung im Speziellen schon heute auseinandersetzen, um die reale Entwicklung bewusst und gestaltend begleiten zu können.

Es wird empfohlen, sich intensiv mit den Auswirkungen von neuen Mobilitätsformen auf die Stadtstruktur und die Gesellschaft zu beschäftigen, um diese zum Wohl der Allgemeinheit zu nutzen und nicht einzelne Klassen zu privilegieren. Je nach Umsetzung kann ein gut ausgebauter ÖPNV in Kombination mit Sharing-Angeboten zu einem Ausgleich von Ungleichheiten innerhalb der Stadt und zu einem ausgewogeneren Stadtleben führen. Auch die emissionsarme und leise Elektromobilität kann dazu führen, dass Bürger/innen und Bürger vom suburbanen Raum zurück an die großen Verkehrsachsen ziehen. Ein konkreter Vorschlag hierzu ist die Umsetzung von reinen „E-Straßen", die nur von Elektroautos befahren werden dürfen, sobald deren Anteil ausreichend hoch ist.

Ausbau von Mobilitätsknotenpunkten

Rückgrat des intermodalen Verkehrs und der Sharing Economy sind Mobilitätsknotenpunkte, an denen Bürger/innen das Verkehrsmittel wechseln können. Diese gilt es auszubauen, um Anreize für den Umstieg vom motorisierten Individualverkehr hin zu öffentlich geteilten Angeboten zu schaffen. Berücksichtigt werden sollten hierbei sowohl Rad- und Fußverkehr als die umweltfreundlichsten Verkehrsmittel, als auch Sharing-Angebote, Park & Ride-Parkplätze und der öffentliche Nahverkehr. Bei der Konzeption solcher Knotenpunkte gilt es viele lokale Faktoren wie die Anzahl an Fahrgästen, die verfügbare Fläche oder mögliche zukünftige Erschließungswirkungen zu berücksichtigen. Auch hier wird empfohlen, durch besondere Gestaltung diese Knotenpunkte für ein breites Publikum attraktiv zu machen.

Visualisieren

Eine Visualisierung von geplanten städtischen Vorhaben kann bei Bürger/innen zu mehr Akzeptanz führen. Neue Technologien wie die Augmented Reality oder VR-Brillen können dazu genutzt werden, Bürger/innen anschaulich geplante Vorhaben vorzustellen. Auch 3D-Simulationen können immer einfacher und kostengünstiger erstellt werden und über soziale Netzwerke oder städtische Webseiten verbreitet werden, sodass ein besserer Eindruck der zukünftigen Stadt vermittelt und mit den Wünschen der Bürger abgeglichen werden kann.

Regulierungen und Gesetze anpassen

Oftmals stoßen nach der Meinung der befragten Experten das bestehende Recht und bestehende Regulierungen an ihre Grenzen, wenn es um die Umsetzung von Digitalisierungsprojekten geht. Daher ist zu empfehlen, aktuelle Regulierungen und Gesetze auf ihre Praxistauglichkeit hin zu überprüfen und ggf. auf die digitalen Erfordernisse anzupassen. Ein simples Beispiel hierfür ist die Straßenbahn Bau- und Betriebsordnung (BOStrab), welche strikte Vorschriften zur Ausstattung von Straßenbahnen enthält. Eine Integration von WLAN-Angeboten in Straßenbahnen ist aufgrund dieser Vorschrift nicht ohne Weiteres möglich (vgl. Experteninterview HEAGmobilo, 2018). Die bürokratischen Hürden sollten bei der Umsetzung von Digitalisierungsprojekten im Allgemeinen möglichst gering gehalten werden, ohne allerdings die Erfordernisse des Datenschutzes zu vernachlässigen.

6.2.2 Sharing Economy

Die Sharing-Economy hat durch die effiziente Nutzung von Dingen aller Art – hier seien besonders Car- und Bikesharingangebote hervorgehoben – positive Auswirkungen auf den Ressourcen- und Flächenverbrauch. Sie ist gemeinsam mit einem gut ausgebauten öffentlichen Personennahverkehr der Schlüssel zur einer zukünftigen emissionsarmen und funktionierenden innerstädtischen Mobilität. Sie gilt es daher zu fördern und für alle Nutzergruppen attraktiv zu machen.

Es wird empfohlen, zunächst Sharing-Economy-Angebote prominent im Stadtbild zu platzieren, um eine größere Aufmerksamkeit zu generieren und die Nutzerzahlen zu vergrößern. Hierbei können auch außergewöhnliche Mittel der räumlichen Gestaltung eingesetzt werden, beispielsweise optisch abgehobene Stellplätze für Car- oder Bike-Sharing, die durchaus futuristisch oder unkonventionell aussehen können. Die unmittelbare räumliche Nähe zu zentralen Knotenpunkten des ÖPNV bietet sich an. Weitere Instrumente wären finanzielle Förderung von Sharing-Angeboten oder die Integration in andere städtische Leistungen, beispielsweise in die städtischen Versorgungsbetriebe. Ein lokaler Anwendungsfall wären geschenkte Freiminuten für das örtliche Carsharing bei Abschluss eines Ökostrom-Vertrags.

Derartige Sharing-Modelle verringern – gerade auch in künftiger Kombination mit autonomen Fahrsystemen – den Flächenbedarf des Individualverkehrs. Dieser Straßen- und Parkraum könnte in einem zweiten Schritt in öffentliche Flächen zur Naherholung oder in Verkehrsflächen für den Rad- und Fußgängerverkehr umgewandelt werden. Wichtig ist hierbei auch der begleitende Bürgerdialog, um nicht das Gefühl entstehen zu lassen, Autofahrer aus der Stadt verbannen zu wollen.

6.2.3 Digitalstadt Darmstadt

Die folgenden Handlungsempfehlungen sind direkt an die Stadt Darmstadt und das Digitalstadt-Projekt gerichtet.

Bürgerdialog beibehalten

Alle Prozesse der Digitalstadt Darmstadt sind bisher mit einer starken Bürgerbeteiligung geplant und durchgeführt worden. Der Fokus liegt darauf, alle Bürger/innen – gerade Senioren/innen – „mitzunehmen" und mit dem Umgang mit digitalen Technologien vertraut zu machen. Es wird empfohlen, diese Anstrengungen fortzuführen. Bei einzelnen Pilotprojekten sollten die direkten Anwohner mit einbezogen werden. Wünschenswert wäre eine stärkere Einbindung der Kreativwirtschaft sowie interessierten Jugendlichen und Studierenden, um neuartige und generationenübergreifende Lösungen finden zu können.

Digitalstadt als Marketing-Werkzeug nutzen

Der Gewinn des bitkom-Wettbewerbs und die Digitalisierungsprojekte können dazu genutzt werden, das Profil der Stadt (inter-)national zu schärfen und den Bekanntheitsgrad zu steigern. Es wird davon ausgegangen, dass einige Projekte eine Strahlkraft entfalten, das Image von Darmstadt verbessern können und neue Unternehmen aus der Technologie-Branche anlocken können. Es wird empfohlen, die

Digitalstadt-Projekte mit gezieltem Marketing zur Steigerung der Attraktivität des Standorts Darmstadts zu nutzen.

Klare Ziele definieren und wissenschaftlich begleiten

Zurzeit werden einzelne Digitalisierungsprojekte voneinander unabhängig durchgeführt und ausgetestet; das Schlagwort heißt „Trial and Error" im Rahmen vorheriger Überlegungen. Ist diese Testphase vorbei, wird empfohlen, klare Zielvorgaben bzw. eine konkrete Digitalisierungsstrategie zu entwickeln. Diese könnte beispielsweise die Ausbaugrade verschiedener digitaler Infrastrukturen festlegen oder eine öffentliche, leicht verständliche „Roadmap" für die Digitalisierung verschiedener Bereiche darstellen (bspw. bis Ende 2019 ein OpenData-Portal, bis 2020 alle Verwaltungsaufgaben digital, etc.).

Ideal wäre eine wissenschaftliche Begleitung der Umsetzung der Digitalstadt-Projekte und ihre Auswirkungen auf den Stadtraum und die Gesellschaft, mit der eine Art „Blaupause" für die Digitalisierung anderer Städte erarbeitet werden kann. Eine Kooperation mit den lokal ansässigen Instituten bietet sich an.

Darmstadt-App bekannter machen und erweitern

Die Darmstadt-App soll in Zukunft mehr Bürgerservice ermöglichen und den lokalen stationären Einzelhandel stärker integrieren. Bereits heute bietet sie einen guten Überblick über Veranstaltungen, lokale Einzelhändler und Gastronomie. Es wird empfohlen, diesen Weg weiterzugehen und weiterhin in einen Mehrwert der Darmstadt-App zu investieren. Mit laut App-Store wenigen tausend Downloads gilt es, die Anzahl der Downloads zu erhöhen und somit mehr Bürger/innen erreichen zu können. Es wird auch empfohlen, zusätzliche Funktionen in die App zu integrieren, um den Bürger/innen einen digitalen Begleiter zur Seite zu stellen. Beispiele hierfür wären:

- Stadttouren (für Neuankömmlinge: 10-Must-See-Orte in Darmstadt; für Touristen: Darmstadt zu Fuß oder per Rad erkunden; für langjährige Bewohner/innen: Orte, die Sie so noch nie gesehen haben)

- Umfragen (zu speziellen Themen, um sich ein Stimmungsbild der Bürger/innen zu verschaffen)

- Direktes Bürgerfeedback (Kontaktformular, um Ideen, Anmerkungen und Kritik der Bürger/innen sammeln zu können)

- Augmented Reality nutzen (Realität um historische Gebäude erweitern; aktuelle Planungen visualisieren; allgemeine Informationen anzeigen)

All diese Punkte können die Wahrnehmung der Bürger/innen für die Stadt schärfen und der räumlichen Entwicklung zur Seite stehen.

6.3 Weiterer Forschungsbedarf

Wie bereits die Literaturrecherche zeigte und von dem Bundesinstitut für Bau,- Stadt- und Raumforschung auch festgestellt wurde, ist im Bereich der Auswirkungen der Digitalisierung auf die räumliche Entwicklung Forschungsbedarf zu attestieren. Es existieren bereits einige Szenarien, welche allerdings kaum mit empirischen Studien hinterlegt sind. Diese könnten im Rahmen weiterer Forschung anhand verschiedener repräsentativer Städte durchgeführt werden. Es bietet sich auch an, den Umbau der Wissenschaftsstadt Darmstadt zur Digitalstadt wissenschaftlich zu begleiten und dort exemplarisch die räumlichen und gesellschaftlichen Auswirkungen zu untersuchen.

Hier ist in den Augen des Verfassers dieser Arbeit die Raumordnung gefragt, als koordinierende räumliche Gesamtplanung die Technikfolgen-Forschung aller Fachplanungen zu vereinen, in einen räumlichen Zusammenhang zu bringen und hieraus Handlungsempfehlungen zum Wohl der Allgemeinheit abzuleiten.

Quellenverzeichnis

41. Ministerkonferenz für Raumordnung. (2016). *Leitbilder und Handlungsstrategien für die Raumentwicklung in Deutschland* Berlin.

Albert Speer + Partner GmbH. (2017). Städtebaulicher und landschaftsplanerischer Wettbewerb „Ehemalige Cambrai-Fritsch-Kaserne / Jefferson-Siedlung", Siegerentwurf. Darmstadt.

Amtsgericht Darmstadt. (2017). Aktenzeichen HRB 9491.

Andelfinger, V. P., & Hänisch, T. (2015). Grundlagen: Das Internet der Dinge. In V. P. Andelfinger & T. Hänisch (Hrsg.), *Internet der Dinge. Technik, Trends und Geschäftsmodelle.* Wiesbaden.

Arntz, M., Gregory, T., & Zierahn, U. (2018). *Digitalisierung und die Zukunft der Arbeit: Makroökonomische Auswirkungen auf Beschäftigung, Arbeitslosigkeit und Löhne von morgen* Mannheim.

Baller, S., Dutta, S., Battista, A. D., Garrity, J., Lanvin, B., Pepper, R., & LaSalle, C. (2016). *The Global Information Technology Report 2016* Genf.

BBSR. (2017). *Raumordnungsbericht 2017 - Daseinsvorsorge sichern.* Bonn: Bundesinstitut für Bau-, Stadt- und Raumforschung.

Birgit van Eimeren, H. G., Beate Frees. (2001). ARD/ZDF-Online-Studie 2001: Internetnutzung stark zweckgebunden. *Media Perspektiven, 8,* 15.

Böhme, H. (2000). Konstituiert Kommunikation Stadt? In H. Bott, C. Hubig, F. Pesch, & G. Schröder (Hrsg.), *Stadt und Kommunikation im digitalen Zeitalter.* Frankfurt am Main. S. 13-41.

Bonin, H., Gregory, T., & Zierahn, U. (2015). *Übertragung der Studie von Frey/Osbourne (2013) auf Deutschland.* H. Bonin. Mannheim.

Bös, N. (2017). Wir sind frei! Arbeiten als Digitalnomade. http://www.faz.net/aktuell/beruf-chance/digitalnomaden-leben-und-arbeiten-ortsunabhaengig-wir-haben-sie-getroffen-15264823.html, Zugriff am 23.02.2018

Bott, H. (2000). Stadt-Schichten. In H. Bott, C. Hubig, F. Pesch, & G. Schröder (Hrsg.), *Stadt und Kommunikation im digitalen Zeitalter.* Frankfurt am Main. S. 101-115.

Brenke, K. (2014). Heimarbeit: Immer weniger Menschen in Deutschland gehen ihrem Beruf von zu Hause aus nach. *DIW Wochenbericht, 8/2014.*

Bundesinstitut für Bau- Stadt- und Raumforschung. (2015). *Smart Cities - Forschungscluster des Bundesinstituts für Bau-, Stadt- und Raumforschung.* Bonn http://www.bbsr.bund.de/BBSR/DE/Home/Topthemen/Downloads/smart_cities.pdf?__blob=publicationFile. Letzter Zugriff am 05.04.2018

Bundesministerium für Arbeit und Soziales. (2015). *Grünbuch Arbeiten 4.0.* Berlin https://www.bmas.de/SharedDocs/Downloads/DE/PDF-Publikationen-DinA4/gruenbuch-arbeiten-vier-null.pdf?__blob=publicationFile. Letzter Abruf am: 09.04.2018

Bundesministerium für Umwelt Naturschutz Bau und Reaktorsicherheit, & Bundesinstitut für Bau- Stadt- und Raumforschung. (2017). *Smart City Charta.* Bonn http://www.bbsr.bund.de/BBSR/DE/Veroeffentlichungen/Sonderveroeffentlichungen/2017/smart-city-charta-dl.pdf?__blob=publicationFile&v=2. Letzter Abruf am 09.04.2018

Bundesministerium für Verkehr und Digitale Infrastruktur. (2014). *Verkehrsverflechtungsprognose 2030.* Berlin: Bundesministerium für Verkehr und Digitale Infrstruktur.

Bundesministerium für Verkehr und Digitale Infrastruktur. (2017). *Netzallianz Digitales Deutschland. Zukunftsoffensive Gigabit-Deutschland.* Berlin. https://www.bmvi.de/SharedDocs/DE/Publikationen/DG/netzallianz-digitales-deutschland.pdf?__blob=publicationFile. Letzter Zugriff am 09.04.2018

Bundesministerium für Wirtschaft und Energie. (2017). *Weißbuch Digitale Plattformen.* Berlin https://www.bmwi.de/Redaktion/DE/Publikationen/Digitale-Welt/weissbuch-digitale-plattformen.pdf?__blob=publicationFile&v=8. Letzter Abruf am: 09.04.2018

Bundesverband CarSharing. (2018). *Datenblatt CarSharing in Deutschland* https://carsharing.de/sites/default/files/uploads/datenblatt_carsharing_in_deutschland_stand_01.01.2018_final.pdf

Czernomotiez, H., Hauswirth, M., Magedanz, T., Roth, R., Schieferdecker, I., Schmoll, C., ... Tiemann, J. (2016). *Netzinfrastrukturen für die Gigabit-Gesellschaft*. Fraunhofer Institut für offene Kommunikationssysteme FOKUS. Berlin.

Dengler, K., & Matthes, B. (2015). Folgen der Digitalisierung für die Arbeitswelt: Substituierbarkeitspotenziale von Berufen in Deutschland. *IAB-Forschungsbericht, 11/2015*.

Dengler, K., & Matthes, B. (2018). Substituierbarkeitspotenziale von Berufen - Wenig Berufsbilder halten mit der Digitalisierung Schritt. *IAB-Kurzbericht, 4/2018*.

Destatis. (2016). *Datenreport 2016 - Ein Sozialbericht für die Bundesrepublik Deutschland* Bonn.

Deutsche Akademie der Technikwissenschaften e.V., & Bundesverband der Deutschen Industrie e.V. (Hrsg.). (2017). Innovationsindikator 2017.

DHL Trend Research. (2016). *Logistics Trend Radar* http://www.dhl.com/content/dam/downloads/g0/about_us/logistics_insights/dhl_logistics_trend_radar_2016.pdf. Letzter Zugriff am 09.04.2018

Doplbauer, G. (2015). *Whitepaper Ecommerce: Wachstum ohne Grenzen? Online-Anteile der Sortimente - heute und morgen* Nürnberg. http://www.gfk-geomarketing.de/fileadmin/gfkgeomarketing/de/beratung/20150723_GfK-eCommerce-Studie_fin.pdf Letzter Zugriff am 09.04.2018

Ebert, K. (2016). *Einzelhandel 2025.de - Auswirkungen auf den stationären (Bekleidungs-) Einzelhandel und seine Handelsräume durch zunehmenden Onlinehandel*. Hamburg.

Eckl-Dorna, W. (2013). Wie 3D-Drucker ganze Branchen verändern können. http://www.manager-magazin.de/unternehmen/it/a-900285.html, Zugriff am 22.02.2018

Experteninterview Digitalstadt Darmstadt. (2018, 29.3.2018) *Experteninterview einem/r Vertreter*in der Digitalstadt Darmstadt GmbH/Interviewer: R. Herzog.*

Experteninterview Fraunhofer IAO. (2018, 22.03.2018) *Experteninterview mit einem/r Wissenschaftler*in am Fraunhofer IAO /Interviewer: R. Herzog.*

Experteninterview HEAGmobilo. (2018, 3.4.2018) *Experteninterview mit Vertreter*innnen der HEAGmobilo/Interviewer: R. Herzog.*

Experteninterview Stadtentwicklung Darmstadt. (2018, 01.03.2018) *Experteninterview mit einem/r Vertreter*in des Amtes für Stadtentwicklung und Wirtschaft der Wissenschaftsstadt Darmstadt/Interviewer: R. Herzog.*

Experteninterview Zentrum für Europäische Wirtschaftsforschung. (2018, 4.4.2018) *Experteninterview mit einem/r Wissenschaftler*in am Zentrum für Europäische Wirtschaftsforschung/Interviewer: R. Herzog.*

Fabricius, M. (2017). So baut ein Roboter ein ganzes Haus für 9500 Euro. https://www.welt.de/finanzen/immobilien/article162704364/So-baut-ein-Roboter-ein-ganzes-Haus-fuer-9500-Euro.html, Zugriff am 22.02.2018

Fanderl, N. Connected Public Spaces. https://www.morgenstadt.de/de/innovationsfelder/connected_public_sp aces.html, Zugriff am 16.03.2018

Feldmann, C., & Gorj, A. (2017). *3D-Druck und Lean Production schlanke Produktionssysteme mit additiver Fertigung.* Münster.

Fraunhofer-Institut für offene Kommunikationssysteme FOKUS. (2016). Public IoT - Das Internet der Dinge im öffentlichen Raum: Matthias Flügge, Jens Fromm.

Frey, C. B., & Osborne, M. A. (2013). The Future of Employment: How susceptible are jobs to computerisation? Oxford: Oxford Martin Programme on Technology and Employment.

Friebe, H., & Ramge, T. (2008). *Marke Eigenbau der Aufstand der Massen gegen die Massenproduktion.* Frankfurt am Main: Campus Verlag gmbH.

Gassmann, M. (2017). Warum Amazon und Co jetzt wieder offline gehen. https://www.welt.de/wirtschaft/article163531211/Warum-Amazon-und-Co-jetzt-wieder-offline-gehen.html, Zugriff am 24.02.2018

Gerike, R. (2016). Definitionen zu Multi- und Intermobilität. https://www.forschungsinformationssystem.de/servlet/is/354077/, Zugriff am 9.3.2018

Grunwald, A. (2017) *Autonomes Fahren - Armin Grunwald im Gespräch mit Ralf Krauter/Interviewer: R. Krauter.* Deutschlandfunk. http://www.deutschlandfunk.de/autonomes-fahren-das-ist-noch-zukunftsmusik.676.de.html?dram:article_id=382996. 29.3.2018

Hagelücken, A. (2018). Ab nach Hause mit den Arbeitsplätzen. http://www.sueddeutsche.de/wirtschaft/industrie-ab-nach-hause-mit-den-arbeitsplaetzen-1.3870129, Zugriff am 19.02.2018

Hamann, R. (2018). Elektromobilität mit unliebsamen Nebenwirkungen - eine kritische Bestandsaufnahme. https://www.zukunft-mobilitaet.net/167232/zukunft-des-automobils/elektromobilitaet/elektromobilitaet-nebenwirkungen-bestandsaufnahme-strassenraumgestaltung-verkehrssicherheit/, Zugriff am 10.3.2018

Hasse, F., Jahn, M., Ries, J. N., Wilkens, M., Barthelmess, A., Heindrichs, D., & Goletz, M. (2017). *Digital mobil in Deutschlands Städten* Berlin.

Hegmann, G. (2016). Amazon plant Warenhaus-Luftschiffe über Städten. https://www.welt.de/wirtschaft/article160688312/Amazon-plant-Warenhaus-Luftschiffe-ueber-Staedten.html, Zugriff am 24.02.2018

Heindrichs, D. (2015). Autonomes Fahren und Stadtstruktur. In M. Maurer, J. C. Gerdes, B. Lenz, & H. Winner (Hrsg.), *Autonomes Fahren. Technische, rechliche und gesellschaftliche Aspekte.* S. 220-239.

Heineberg, H. (2000). *Stadtgeographie* (2., aktualisierte Aufl. ed.).

Heinerbike. (2018). Heinerbike - ein freier und kostenloser Lastenradverleih für Darmstadt. https://www.heinerbike.de/, Zugriff am 4.4.2018

Heinze, G. W., & Kill, H. H. (2005). Telekommunikation. In Akademie für Raumforschung und Landesplanung (Hrsg.), *Handwörterbuch der Raumordnung* S. 1148-1152.

Hessisches Ministerium für Wirtschaft Energie Verkehr und Landesentwicklung. (2016). *Strategie Digitales Hessen.* https://www.digitalstrategie-hessen.de/img/Digitalstrategie_Hessen_2016_ver1.pdf. Letzter Zugriff am 09.04.2018

Hilbert, M., & Lopez, P. (2011). The world's technological capacity to store, communicate, and compute information. *Science, 332*(6025), 60-65.

Hirsch-Kreinsen, H., & Hompel, M. t. (2015). Digitalisierung industrieller Arbeit. In B. Vogel-Heuser et al. (Hrsg.), *Handbuch Industrie 4.0* Berlin, Heidelberg.

IHS Markit Ltd., Piont Topic, & European Commission. (2017). *Broadband Coverage in Europe 2016*. Luxemburg https://ec.europa.eu/digital-single-market/en/news/study-broadband-coverage-europe-2016. Letzter Zugriff am 09.04.2018

Kagermeier, A., Köller, J., & Stors, N. (2015). AirBnb als Share Economy-Herausforderung für Berlin und die Reaktionen der Hotelbranche. In H. Hopfinger (Hrsg.), *Mit Auto, Brille, Fön und Drohne. Neues Reisen im 21. Jahrhundert?* Mannheim.

Kaune, S. (2009). Plattenfirma SPV geht in die Insolvenz. http://www.haz.de/Hannover/Aus-der-Stadt/Uebersicht/Plattenfirma-SPV-geht-in-die-Insolvenz, Zugriff am 10.01.2018

Koch, W., & Frees, B. (2017). ARD/ZDF-Onlinestudie 2017: Neun von zehn Deutschen online. *Media Perspektiven, 9*, 12.

Köhler, T. R. (2012). *Der programmierte Mensch Wie uns Internet und Smartphone manipulieren* (1. Auflage ed.). Frankfurt am Main.

Korinke, E., Zur Nedden, M., & Bundesinstitut für Bau- Stadt- und Raumforschung. *Online-Handel - mögliche räumliche Auswirkungen auf Innenstädte, Stadtteil- und Ortszentren* (Stand April 2017 ed.). Bonn.

Kowalewski, S. (2014). Überlassen Sie das Parken Ray! http://www.deutschlandfunkkultur.de/technologie-ueberlassen-sie-das-parken-ray.2165.de.html?dram:article_id=290092;, Zugriff am 9.3.2018

Kreider, T. (2012). The ‚Busy' Trap. https://opinionator.blogs.nytimes.com/2012/06/30/the-busy-trap, Zugriff am 30.01.2018

Krex, A. (2016). Wie viel Airbnb geht noch? http://www.zeit.de/entdecken/reisen/2016-04/airbnb-berlin-gesetz-ferienwohnungen, Zugriff am 17.03.2018

Läpple, D. (2005). Mobilität. In Akademie für Raumforschung und Landesplanung (Hrsg.), *Handwörterbuch der Raumordnung* S. 654-656.

Löhr, J. (2018). Digitalisierung zerstört 3,4 Millionen Stellen. *Frankfurter Allgemeine.* http://www.faz.net/aktuell/wirtschaft/diginomics/digitalisierung-wird-jeden-zehnten-die-arbeit-kosten-15428341.html, Zugriff am

Maier, A., & Zimmermann, H.-D. (2016). Digitales Entwicklungsmodell smarter Städte. In A. Maier & E. Portman (Hrsg.), *Smart City* Wiesbaden. S. 3-19.

Maretzke, S. (2017). Digitale Infrastruktur als regionaler Entwicklungsfaktor - MOROdigital. http://www.bbsr.bund.de/BBSR/DE/FP/MORO/Forschungsfelder/2014/MORODigital/01_Start.html;jsessionid=6CA681BC343D2E9EC366285D454EBDC6.live11292?nn=440404¬First=true&docId=1151080, Zugriff am 25.3.2018

Merritt, B. (2016). *Theœ digital revolution*. San Rafael.

Meyer, A. (2016). Künstliche Organe aus dem 3D-Drucker. http://www.deutschlandfunk.de/leben-wie-gedruckt-kuenstliche-organe-aus-dem-3d-drucker.676.de.html?dram:article_id=345736, Zugriff am 22.02.2018

Ministerkonferenz für Raumordnung. (2017). *Umlaufbeschluss vom 13.12.2017 - Einheitlicher Datenaustauschstandard XPlanung*. Berlin.

Neugebauer, R. (2018). *Digitalisierung Schlüsseltechnologien für Wirtschaft und Gesellschaft* (1. Auflage ed.). Berlin, Heidelberg.

Plattform Industrie 4.0. Was ist Industrie 4.0? http://www.plattform-i40.de/I40/Navigation/DE/Industrie40/WasIndustrie40/was-ist-industrie-40.html, Zugriff am 21.02.2018

Radecki, A. v., Pfau-Weller, N., Domzalski, O., & Vollmar, R. (2016). *Morgenstadt City-Index* Stuttgart. https://www.morgenstadt.de/content/dam/morgenstadt/de/images/loesungen1/city_index_onlinedokumentation.pdf

Rid, W., Parzinger, G., Grausam, M., Müller, U., & Herdtle, C. (2018). *Carsharing in Deutschland Potenziale und Herausforderungen, Geschäftsmodelle und Elektromobilität*. Wiesbaden.

Riehm, U., & Böhle, K. (2013). *Postdienste und moderne Informations- und Kommunikationstechnologie* Büro für Technikfolgen-Abschätzung beim Deutschen Bundestag. Arbeitsbericht 156. Berlin.

Ritter, E.-H., & Akademie für Raumforschung und Landesplanung. (2005). *Handwörterbuch der Raumordnung* (4., neu bearb. Aufl. ed.).

ROG Raumordnungsgesetz vom 22. Dezember 2008 (BGBl. I S. 2986), das zuletzt durch Artikel 2 Absatz 15 des Gesetzes vom 20. Juli 2017 (BGBl. I S. 2808) geändert worden ist

Roland Berger GmbH. (2017). Smart city, smart strategy. München: Roland Berger.

Sauer, U. (2015). Barilla experimentiert mit Nudeln aus dem 3D-Drucker. http://www.sueddeutsche.de/wirtschaft/wie-gedruckt-jedem-seine-nudel-1.2478307, Zugriff am 22.02.2018

Schneider, J. (2017). Die Städte müssen AirBnb dringend zähmen. http://www.sueddeutsche.de/wirtschaft/vermietung-von-ferienwohnungen-die-staedte-muessen-airbnb-dringend-zaehmen-1.3616450, Zugriff am 17.03.2018

Schulze-Wolf, T., & Habekost, T. (2008). E-Partizipation in der Raumordnung. *Zeitschrift für Angewandte Geographie 32*, S. 97-103.

Schürmann, M. (2013). *Coworking Space Geschäftsmodell für Entrepreneure und Wissensarbeiter* (1. Aufl. ed.). Luzern.

Schwarzer, C. M. (2015). Dieser Flitzer tankt Strom im Fahren. http://www.zeit.de/mobilitaet/2015-05/elektroauto-induktives-laden-alternative-antriebe, Zugriff am 10.3.2018

Staiger, P., Cap, C., Stelzer, B., & Schiebel, E. (2015). *„3D-Druck" - Eine Technologievorschau anhand IT-gestützter bibliometrischer Analye und Szenariotechnik* (2511-1698). L. Brecht & B. Stelzer. ITOP-Schriftenreihe 5. Ulm.

Thielen, P., Hemis, H., Storch, A., & Lutz, M. (2013). *Gradual Development of Austrian Smart City Profiles* Blue Globe Report 2/2013.

Weber, B. (2015). Moderne Zeiten - Erkenntnisse über die Beschleunigung des Lebens. http://www.deutschlandfunk.de/moderne-zeiten-erkenntnisse-ueber-die-beschleunigung-des.1148.de.html?dram:article_id=327908, Zugriff am 26.01.18

Website Airbnb. Airbnb verzeichnet 100.000 Unterkünfte in Deutschland. https://press.atairbnb.com/de/airbnb-verzeichnet-100-000-unterkunfte-in-deutschland/, Zugriff am 17.03.2018

Website Akademie für Landes- und Raumplanung. Raumstruktur und Siedlungsstruktur. https://www.arl-net.de/de/lexica/de/raumstruktur-und-siedlungsstruktur, Zugriff am 25.02.2018

Website Apple. iBeacons. https://developer.apple.com/ibeacon/, Zugriff am 26.3.2018

Website bitkom. Bitkom startet Wettbewerb „Digitale Stadt". http://www.digitalestadt.org/bitkom/org/Presse/Presseinformation/Bitkom-startet-Wettbewerb-Digitale-Stadt.html, Zugriff am 23.3.2018

Website Bundesinstitut für Bau- Stadt- und Raumforschung. Über Raumbeobachtung. http://www.bbsr.bund.de/BBSR/DE/Raumbeobachtung/UeberRaumbeobachtung/ueberraumbeobachtung_node.html, Zugriff am 19.01.2018

Website Bundesministerium für Verkehr und Digitale Infrastruktur. Breitbandatlas. http://www.bmvi.de/DE/Themen/Digitales/Breitbandausbau/Breitbandatlas-Karte/start.html, Zugriff am 20.3.2018

Website Coworkingguide. Coworking-Spaces in Frankfurt. https://coworkingguide.de/coworking-frankfurt/, Zugriff am 23.02.2018

Website Deutsche Telekom. Glasfaser an Ihrem Wohnort. https://www.telekom.de/glasfaser/glasfaser-an-ihrem-wohnort, Zugriff am 20.3.2018

Website digitales.hessen. Digitale Städte und Regionen. https://www.digitalstrategie-hessen.de/digitales-leben-digitale-staedte-und-regionen, Zugriff am 26.3.2018

Website Digitalstadt Darmstadt A. Verkehr. https://digitalstadt-darmstadt.de/verkehr/, Zugriff am 25.3.2018

Website Digitalstadt Darmstadt B. Handel. https://digitalstadt-darmstadt.de/handel/, Zugriff am 26.3.2018

Website Digitalstadt Darmstadt C. (2018). Energie & Umwelt. https://digitalstadt-darmstadt.de/energie-umwelt/, Zugriff am 26.3.2018

Website Fraunhofer-Institut für graphische Datenverarbeitung. Living Lab. https://www.igd.fraunhofer.de/projekte/living-lab, Zugriff am 29.3.2018

Website Handelsblatt A. Schuhe wie von Roboterhand. http://www.handelsblatt.com/unternehmen/handel-konsumgueter/adidas-schuhe-wie-von-roboterhand/13637636.html, Zugriff am 19.02.2018

Website Handelsblatt B. Online-Handel wächst zweistellig. http://www.handelsblatt.com/unternehmen/handel-konsumgueter/e-commerce-online-handel-waechst-zweistellig/20873690.html, Zugriff am 23.02.2018

Website urban institute. [ui!] TRAFFIC. https://www.ui.city/de/solutions/ui-traffic, Zugriff am 26.3.2018

Website Wissenschaftsstadt Darmstadt A. Stadt und Entega öffnen „Darmstadt WiFi" für unbegrenzte Nutzung. https://www.darmstadt.de/nachrichten/rss/news/stadt-und-entega-oeffnen-darmstadt-wifi-fuer-unbegrenzte-nutzung/?tx_news_pi1%5Bcontroller%5D=News&tx_news_pi1%5Baction%5D=detail&cHash=9ee6edcabd033a8f292c0bbfc0edfcac, Zugriff am 21.03.2018

Website Wissenschaftsstadt Darmstadt B. Die digitale Stadt Darmstadt parkt smart. https://www.darmstadt.de/nachrichten/rss/news/die-digitale-stadt-darmstadt-parkt-smart/?tx_news_pi1%5Bcontroller%5D=News&tx_news_pi1%5Baction%5D=detail&cHash=fbee8ccbc30ca4bb7325756b495af537, Zugriff am 26.3.2018

Website Wissenschaftsstadt Darmstadt C. Konversion West https://www.darmstadt.de/standort/stadtentwicklung-und-stadtplanung/konversion/konversion-west/, Zugriff am 24.03.2018

Weißenberg, P. (2017). Immer mit grünem Balken unterwegs.
http://www.zeit.de/mobilitaet/2017-07/elektroautos-qualcomm-induktives-laden-batterie-kabel, Zugriff am 10.3.2018

Wissenschaftsstadt Darmstadt, & Amt für Wirtschaft und Stadtentwicklung. (2017). *Datenreport 2017* Darmstadt.

Wolf, K. (2005). Stadt. In Akademie für Raumforschung und Landesplanung (Hrsg.), *Handwörterbuch der Raumordnung* S. 1048-1054.

Zarth, M., & Bundesinstitut für Bau- Stadt- und Raumforschung. (2017). *Raumordnungsbericht 2017 Daseinsvorsorge sichern* (Stand: Juni 2017 ed.).

Zukunftsinstitut GmbH. (2016). *Anzahl der Coworking Spaces weltweit von 2007 bis 2016 und Prognose bis 2020.*
https://de.statista.com/statistik/daten/studie/674101/umfrage/anzahl-der-coworking-spaces-weltweit/. Zugriff am 23.02.2018

Anlagen

Experteninterview mit einem/r Vertreter*in der Stadtentwicklungspraxis in Darmstadt

Datum: 01.03.2018

Fragen:

- Stand der Digitalisierung in Darmstadt: Von der Vision einer komplett digitalisierten und vernetzten (Digital-)Stadt ausgegangen – in wie vielen Jahren kann das zur Realität werden? Was wäre ein realistischer Zeithorizont?

- Wo befindet sich Darmstadt aktuell auf dem Weg zur „Smart City"?

- Gab es durch die Digitalisierung in den letzten Jahren ein Umdenken im Hinblick auf Stadtentwicklung?

- Gab es bereits erste Auswirkungen der Digitalisierung auf die der Stadtentwicklung? (Sowohl intern: veränderte Planungsinstrumente/Mittel als auch extern: neue Anforderungen für bestehende Gebiete und neue Planungen: Konversion etc.)

- Was sind aktuelle Herausforderungen für das Amt für Wirtschaft und Stadtentwicklung im Hinblick auf die Digitalisierung? (Jahr 2018)

- Wo werden Ihrer Einschätzung nach in Zukunft die größten Herausforderungen in der Stadtentwicklung hinsichtlich der Digitalisierung liegen?

- Studien prognostizieren bis zu 40% gefährdete Stellen durch die Digitalisierung. Das Institut für Arbeitsmarkt und Berufsforschung geht derzeit von 25% gefährdeten Arbeitsplätzen in Deutschland aus. Wie ist das aus Sicht der Wissenschaftsstadt Darmstadt zu bewerten?

- Müssen kommunale Maßnahmen getroffen werden, um auch einfachen und mittleren Tätigkeiten eine Zukunft zu sichern?

- Industrie 4.0 und 3D-Druck – wird in Darmstadt an vorderster Front erforscht und haben das Potential, die Logistik und Warenströme nachhaltig zu verändern – DHL-Chef vergleicht den 3D-Druck mit dem Aufkommen der Mail. Welche Relevanz haben derartige Technologien in der heutigen Praxis?

- Stichwort Onlinehandel – Innenstadtlagen in Großstädten wachsender Regionen werden wohl weiter florieren – Wie ist die Lage in Darmstadt? Sind in B-Lagen und Nebenlagen Leerstände zu erwarten?

- Wie würden Sie eine realistische Zukunft der vernetzten Mobilität in Darmstadt beschreiben?

- Autonom fahrende Autos könnten in wenigen Jahren Realität werden. Gibt es bereits Ideen und Konzepte für eine Stadt, in der Autos ständig in Bewegung sind und Parkraum umgenutzt werden kann?

- Das digitale Wohnviertel und/oder Industrieviertel der Zukunft – wie könnte es aussehen? Was ist für die Entwicklung der Wissenschaftsstadt Darmstadt siedlungsstrukturell angedacht? (Masterplan DA2030+)

- Digitale Kommunikation könnte nach dem Darmstädter Historiker Helmut Böhme den Platz als klassischen städtischen Kommunikationsort in die virtuelle Welt verlagern – gibt es Ideen, dem entgegenzuwirken? (Attraktivität der Innenstädte?)

- Einher mit der Digitalisierung geht eine Beschleunigung des Alltags und eine Zunahme der Komplexität. Folgen sind unter anderem Burnouts und Zukunftsangst. Gibt es hierfür räumliche Gegenentwürfe (Erholungsflächen) bzw. sehen Sie neue Trends, die dem entgegenwirken (Urban Gardening etc.?)

- Darmstadt will Digitale Stadt und „Smart City" werden – welche der Handlungsfelder schätzen Sie als besonders wichtig hinsichtlich der Wirtschaft und Stadtentwicklung ein?

- Gibt es internationale „Smart City"-Vorbilder? Wo hat Darmstadt bzw. haben deutsche Großstädte Ihrer Ansicht nach im Allgemeinen noch Nachholbedarf?

- „Smart Darmstadt" in der Rhein-Main-Region– was verändert sich in der Region durch die Digitalstadt Darmstadt?

- Bedeutung der Digitalisierung für die Praxis der Stadtentwicklung: Wie ist sie im Kontext des demographischen Wandels, der Massenmigration, des Klimawandels und der Wettbewerbsfähigkeit einzuordnen?

- Wie könnte Darmstadt in 10 bis 15 Jahren aussehen? Wie sollte Darmstadt in 10 bis 15 Jahren aussehen?

Experteninterview mit einem/r Vertreter*in der Digitalstadt Darmstadt GmbH

Datum: 29.03.2018

Fragen:

- Darmstadt ist seit 2017 die erste Digitalstadt Deutschlands – was hat sich bisher geändert?

- Welche allgemeinen Veränderungen sind im Stadtbild in den kommenden Jahren durch den „Umbau" zur Digitalstadt zu erwarten?

- Welche der einzelnen Projekte der Digitalstadt schätzen Sie als besonders „raumbedeutsam" ein?

- Gibt es „Vorbild-Städte" oder versucht Darmstadt seinen eigenen Weg zu gehen?

- Verkehr, städtische Mobilitätsknotenpunkte und eine verkehrsmittelübergreifende App: Wie kann man sich einen solchen Knotenpunkt vorstellen? Welche Plätze werden für den intermodalen Verkehr optimiert?

- Autonome Minibusse und Straßenbahnen: In welchem Zeithorizont und in welchen Stadtteilen werden sie in Zukunft zu finden sein?

- Smart Parking: Welche Orte in Darmstadt werden mit Sensorik ausgestattet und wo sind diese Informationen in Zukunft?

- Einzelhandel und Darmstadt-App: Kann der zunehmenden Konkurrenz durch den Online-Handel damit etwas entgegengesetzt werden?

- Direkter Zugang zu Geschäften der Darmstädter Innenstadt für Bürgerinnen und Bürger durch die App: Wie funktioniert dieses System? In welchen Ausbauzustand befindet es sich? Welche Auswirkungen erhoffen Sie sich für den Einzelhandel in der Stadt?

- Auslieferungen mit eCargo-Bikes: Wie ist der Status Quo? Wann kann mit einer Auslieferung am gleichen Tag gerechnet werden?

- den Nutzen einer einheitlichen Datenplattform für die Stadtentwicklung/-verwaltung, für Unternehmen und für Bürger/innen?

- Erwarten Sie Auswirkungen einer solchen Plattform auf die Stadtentwicklung?

- Wie geht es mit der Digitalstadt nach dem Ablauf des Förderzeitraums Ende 2019 weiter?

Experteninterview mit Vertretern der HEAGmobilo GmbH

Datum: 03.04.2018

Fragen:

- Stand der Digitalisierung in Darmstadt: Wo sieht sich die HEAG auf dem Weg hin zu einem vollständig digitalisierten Mobilitätskonzern?

- Gab es durch die Digitalisierung in den letzten Jahren einen Umbruch in der Mobilitätsbranche?

- Was sind aktuelle Projekte der HEAGmobilo im Rahmen der Digitalisierung?

- Wo werden Ihrer Einschätzung nach in Zukunft die größten Herausforderungen für HEAGmobilo hinsichtlich der Digitalisierung liegen?

- Wie würden Sie eine realistische Zukunft der vernetzten Mobilität in Darmstadt und in Deutschland beschreiben?

- Autonom fahrende Autos könnten in einigen Jahren Realität werden. Gibt es bereits Ideen und Konzepte für den Umgang hiermit für die HEAG?

- Ändern sich Anforderungen an Bus- und Straßenbahnen bzw. deren Infrastruktur?

- Car- und Bikesharing: Welche Bedeutung misst die HEAG den Sharing-Modellen im Hinblick auf ihre weitere Entwicklung zu?

- E-Mobilität: Welche Bedeutung hat sie für den ÖPNV?

- HEAGmobilo-App: Gibt es Pläne zur Erweiterung/Ausbau dieser?

- Wie sieht die Zusammenarbeit mit der Digitalstadt Darmstadt aus? Welche Projekte sollen in Zukunft umgesetzt werden?

- Die Digitalstadt will teilautonome Straßenbahnen testen. In welchem Zeithorizont kann das Realität werden und wo soll diese unterwegs sein?

- Autonome Minibusse sollen getestet werden – wo und wann ist damit zu rechnen?

- Mobilitätsknotenpunkte: Wo können diese in Darmstadt entstehen und wie könnten sie aussehen?

- Wie könnte der Verkehr in Darmstadt in 10 bis 15 Jahren aussehen? Was wäre eine visionäre, was eine realistische Annahme?

Experteninterview mit einem/r Vertreter*in des Fraunhofer Instituts für Arbeitswirtschaft und Organisation

Datum: 22.03.2018

Fragen:

- Stand der Digitalisierung: Von der Vision einer komplett digitalisierten und vernetzten (Digital-)Stadt ausgegangen – in wie vielen Jahren kann das zur Realität werden? Was wäre ein realistischer Zeithorizont?

- Gab es durch die Digitalisierung in den letzten Jahren ein Umdenken im Hinblick auf Stadtentwicklung in der Forschung?

- Wo werden Ihrer Einschätzung nach in Zukunft die größten Herausforderungen in der Stadtentwicklung hinsichtlich der Digitalisierung liegen?

- öffentlichen Plätze können von einer Digitalisierung aus Ihrer Sicht am meisten profitieren? (Parks, Naherholung, Marktplätze, Straßen etc.?)

- Wie sieht eine Vernetzung dieser Plätze im konkreten Anwendungsfall aus?

- Ziel Raumqualität verbessern – wie kann dieses Ziel durch digitale Technologien erreicht werden?

- Sensoren zur Auswertung von Bewohnerverhalten zur Steigerung der Attraktivität öffentlicher Plätze – Gibt es eine Art „Bewertungssystem" für die Attraktivität? Wie ist sie durch Sensoren messbar zu machen?

- Smart Lighting – Status Quo und Einsparpotentiale?

- Smarte öffentliche Möbel – was ist darunter zu verstehen?

- Sensorinfrastruktur – in welchen Bereichen sinnvoll? Abfallentsorgung, Luftqualität, Zustand von Infrastruktur?

- Argumented Reality – wie kann diese Technologie den Stadtbewohnern Mehrwert schaffen?

- Intermodale Verkehrsnetze und Transitbereiche – existieren bereits Ansätze zur Gestaltung solcher Räume?

- Autonom fahrende Autos könnten in wenigen Jahren Realität werden. Gibt es bereits Ideen und Konzepte für eine Stadt, in der Autos ständig in Bewegung sind und Parkraum umgenutzt werden kann?

- Wo sehen Sie die größten Auswirkungen der Digitalisierung auf den öffentlichen Raum in den kommenden Jahren?

- Was sind die größten Hürden bei der Verwirklichung eines vernetzten öffentlichen Raums?

Experteninterviews mit einem/r Vertreter*in des Zentrums für Europäische Wirtschaftsforschung

Datum: 04.04.2018

Fragen:

- Wie wird für die Wirtschaftsforschung Digitalisierung definiert?

- Gab es vor der Frey/Osborne-Studie bereits Befürchtungen, die Digitalisierung könne Arbeitsplätze vernichten? Welche Entwicklung kann hier in den letzten Jahren beschrieben werden?

- Ist die Zahl von 12% gefährdeten Arbeitsplätzen in Deutschland noch aktuell? Das Institut für Arbeitsmarkt- und Berufsforschung korrigierte ihre Annahme von 15% (2015) Anfang 2018 auf 25% nach oben.

- Es gab immer Befürchtungen, dass neue Technik Arbeitsplätze vernichtet, allerdings war bisher immer das Gegenteil der Fall. Worin unterscheidet sich die Digitalisierung von anderen industriellen Revolutionen? Weshalb entstehen nicht genügend neue Arbeitsplätze?

- Internationaler Vergleich: Wie gut ist Deutschland für die Auswirkungen der Digitalisierung aufgestellt?

- Standortfaktor Breitband: Wissen Sie von Untersuchungen, inwiefern eine Breitbandversorgung die regionale Wirtschaft beeinflusst?

- Regionale Ungleichheiten: Wachsen sie durch die Digitalisierung? Welche Regionen sind in Deutschland gut aufgestellt, welche eher nicht?

- Neue Arbeitsplätze: Wo könnten sie entstehen?

- Räumliche Auswirkungen: Gehen Sie davon aus, dass sich Gewerbegebiete bzw. Wohngebiete ändern werden?

- Wie sieht Ihrer Ansicht nach der Arbeitsmarkt in 10-15 Jahren aus? Was sind wahrscheinliche Erwartungen?

- Was würden Sie der kommunalen Politik empfehlen, um sich auf den „digitalen Arbeitsmarkt" vorzubereiten?